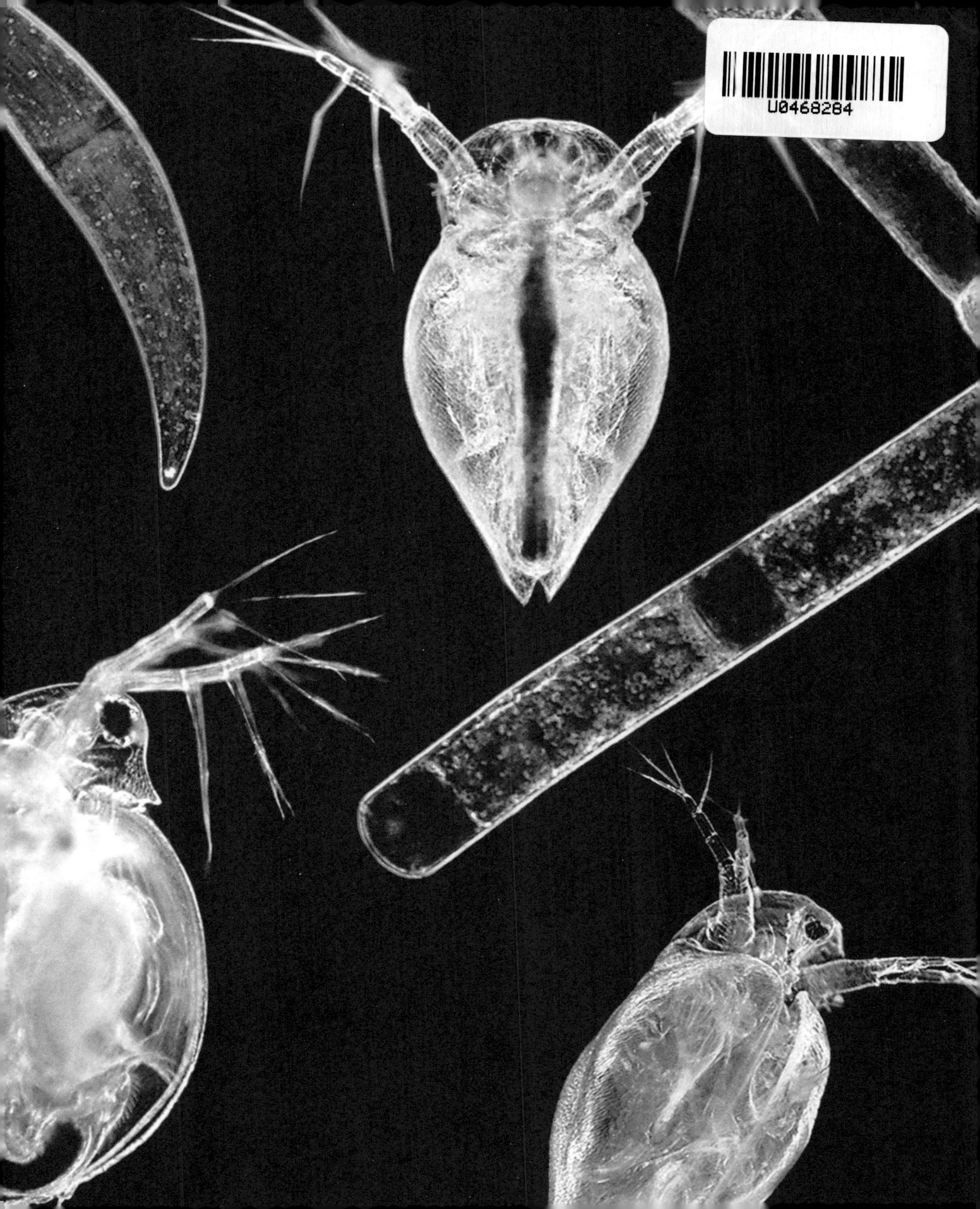

青少年馆藏级动物大百科 8

无脊椎动物

青少年馆藏级动物大百科 8

无脊椎动物

意大利蒂亚戈斯蒂尼公司/编著　于泽正　卢懿等/译

电子工业出版社
Publishing House of Electronics Industry
北京·BEIJING

IL REGNO ANIMALE – 10
INVERTEBRATI – VOL. 2
© De Agostini Publishing Italia S.p.A., Novara – Italy
The simplified Chinese edition is published in arrangement through Niu Niu Culture.

本书中文简体版专有出版权由牛牛文化有限公司授予电子工业出版社。
未经许可，不得以任何方式复制或抄袭本书的任何部分。

版权贸易合同登记号 图字：01-2019-1919

图书在版编目（CIP）数据

青少年馆藏级动物大百科 . 8, 无脊椎动物 / 意大利蒂亚戈斯蒂尼公司编著；于泽正等译 . -- 北京：电子工业出版社，2021.3
ISBN 978-7-121-37812-6

Ⅰ. ①青… Ⅱ. ①意… ②于… Ⅲ. ①动物－青少年读物②无脊椎动物门－青少年读物 Ⅳ. ① Q95-49 ② Q959.1-49

中国版本图书馆 CIP 数据核字 (2021) 第 021951 号

策划编辑：耿春波
责任编辑：苏颖杰
印　　刷：北京利丰雅高长城印刷有限公司
装　　订：北京利丰雅高长城印刷有限公司
出版发行：电子工业出版社
　　　　　北京市海淀区万寿路 173 信箱　邮编：100036
开　　本：787×1092　1/16　印张：14.75　字数：472 千字
版　　次：2021 年 3 月第 1 版
印　　次：2021 年 3 月第 1 次印刷
定　　价：168.00 元

参与此书翻译的还有：张玲
凡所购买电子工业出版社图书有缺损问题，请向购买书店调换。若书店售缺，请与本社发行部联系，联系及邮购电话：(010) 88254888，88258888。
质量投诉请发邮件至 zlts@phei.com.cn，盗版侵权举报请发邮件至 dbqq@phei.com.cn。
本书咨询联系方式：(010) 88254161 转 1868，gengchb@phei.com.cn。

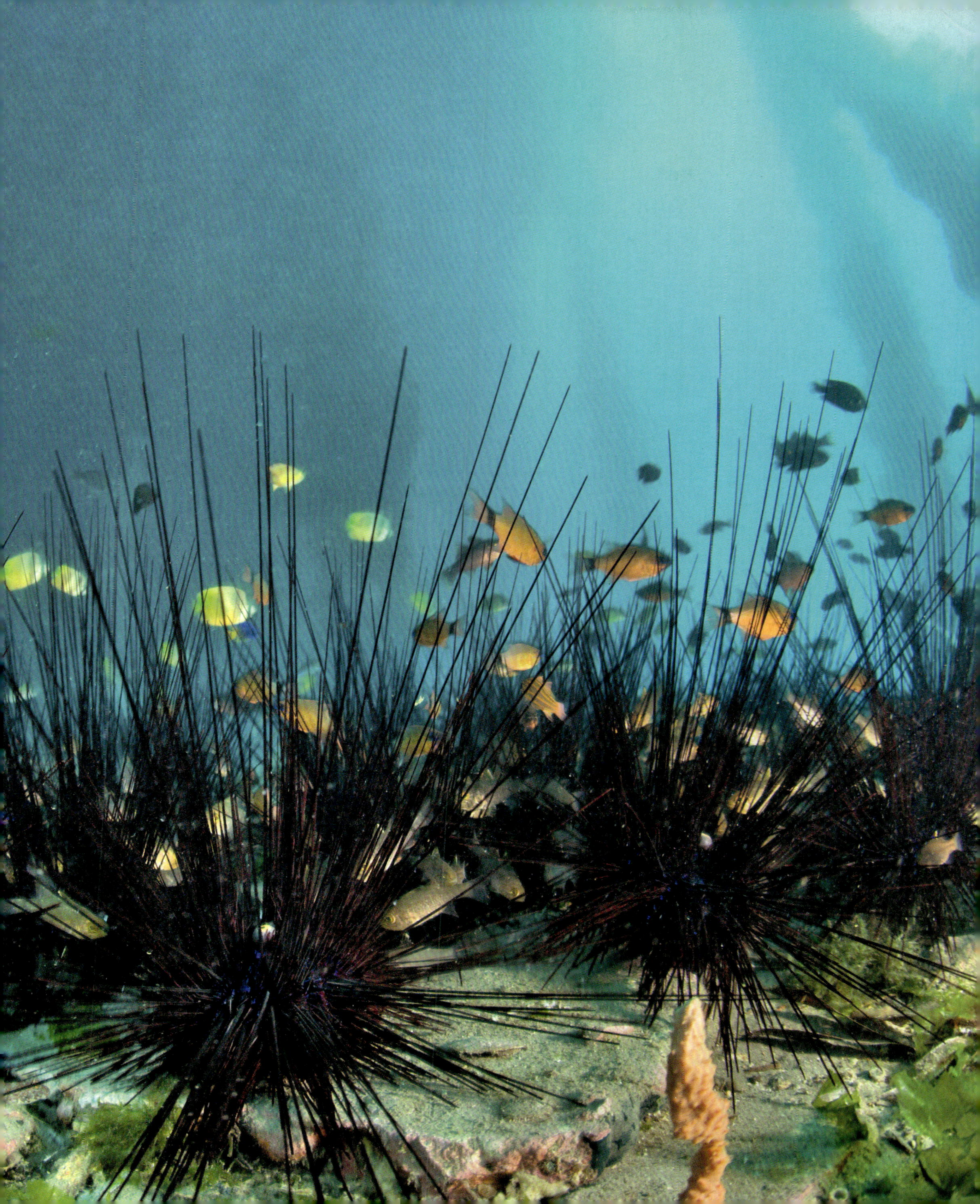

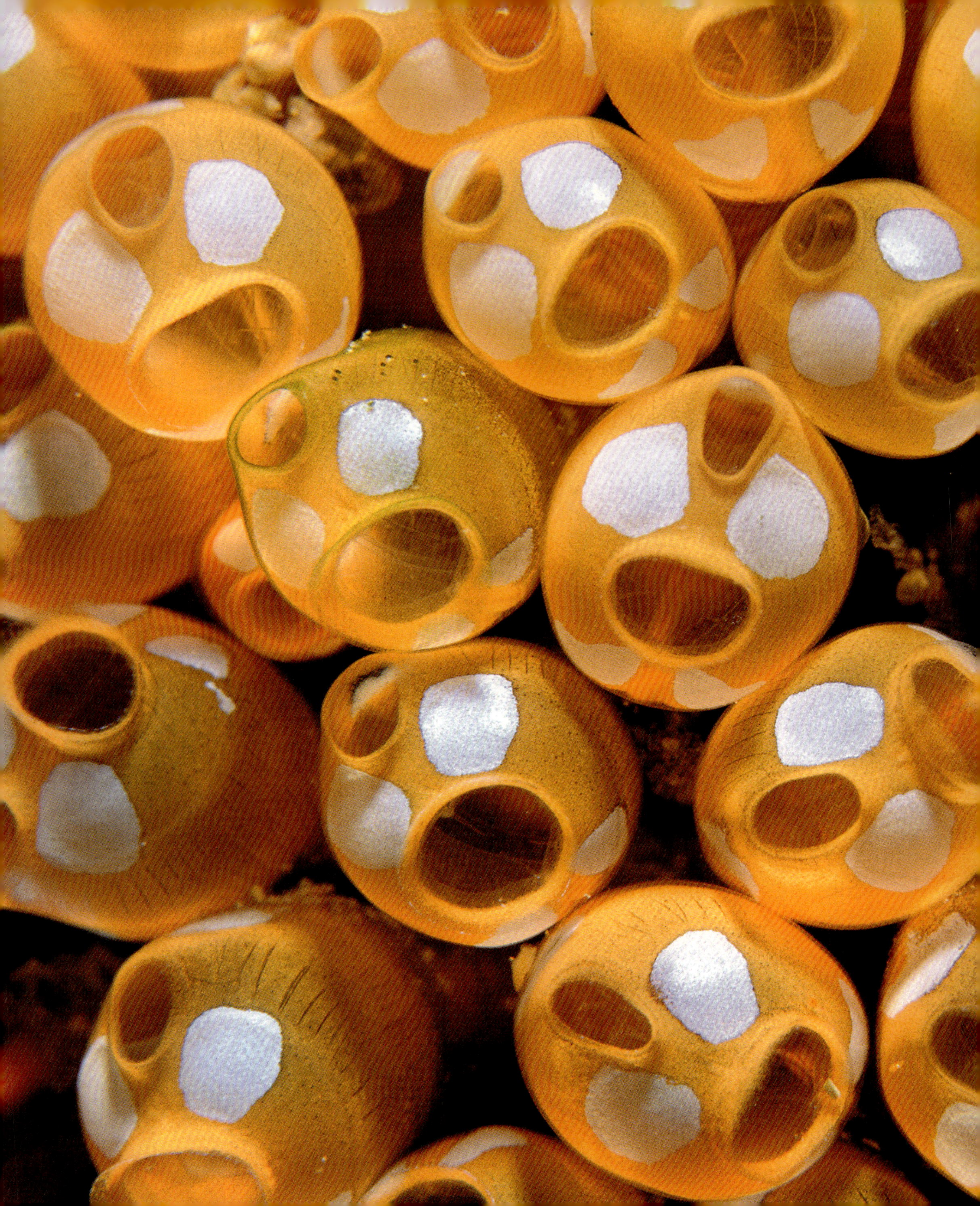

1  哺乳动物

2  哺乳动物

3  哺乳动物

4  鸟类

5  鸟类

6  鸟类

7  无脊椎动物

8  无脊椎动物

9  无脊椎动物

10  爬行动物和两

11  鱼类

12  恐龙

无脊椎动物

阅读导引

甲壳纲

十足目和磷虾目

龙虾、螃蟹、磷虾：有"盔甲"的生灵

开篇

这部分是对某个纲（如哺乳纲）、目（如长鼻目）或科（如牛科）的总体介绍，通常配有图片、标题和简短的文字。分类学方面的内容由双页面上方出现的一个或多个概括性段落进行强调。

简介

此类页面包含了某些关键类别的动物，如食肉目动物的介绍。

配图

书中配有许多富有趣味的图片，增强了书的科学性，同时也丰富地展示了动物行为的具体细节。

卡片 / 身份牌

在每个板块中,单独的物种(标出了学名,如果有常用名也会标出)都有一段简短但较完整的科学描述。

有些动物的介绍之后还会有深入讲解的部分,通常是一些特定的话题或趣闻。

描述文字都配有动物的图片(除了特别少见的物种,这时通常只在页面的下方给出描述)。

在每个物种的介绍中,都会有方框标示出它所属的目和科、体型大小及分布地区。如果某个物种濒临灭绝,小地图上方就会标注"濒临灭绝",小地图也会出现红色的边框。《世界自然保护联盟(IUCN)濒危物种红色名录》中评定为"濒危"和"极危"等级别的动物被认为是濒临灭绝的。

聚焦

深度介绍动物的分类情况、演化过程、适应过程和行为,用文字、方框、表格与示意图一起展示与一种或多种动物相关的有趣内容。

阅读导引　　　　　　　　　　　　　　　　　　　　　　　　　　　　　　8

甲壳纲　　　　　　　　　　　　　　　14

前世今生　　　　　　　　　　　　　　　　18
总体特征　　　　　　　　　　　　　　　　26

十足目和磷虾目　　　　　　　　　32

锯齿长臂虾、意大利米虾　　　　　　　　36
清洁虾、褐虾、磷虾　　　　　　　　　　38
海螯虾、美人虾　　　　　　　　　　　　40
欧洲螯虾　　　　　　　　　　　　　　　46
淡水螯虾、卡拉斯对虾、其他螯虾　　　　48
聚焦：海中浮沉　　　　　　　　　　　　50
棘刺龙虾　　　　　　　　　　　　　　　52
蝉虾、琵琶虾、绿龙虾　　　　　　　　　54
贝纳多寄居蟹　　　　　　　　　　　　　58
沙蟹、特异海蛄虾　　　　　　　　　　　62
聚焦：借来的螺壳　　　　　　　　　　　66
毛绒关公蟹　　　　　　　　　　　　　　68
椰子蟹、滨蟹　　　　　　　　　　　　　72
巨螯蟹　　　　　　　　　　　　　　　　74
提琴手蟹、中华绒螯蟹、欧洲蜘蛛蟹、石榴蟹　76
聚焦：生存的装饰　　　　　　　　　　　80

其他甲壳纲动物　　82

虾蛄、海蚤　　86
鼠妇、普通卷甲虫、栉水虱　　88
丰年虫、大水蚤　　90
英勇剑水蚤、有孔藤壶　　92
聚焦：不仅在海中　　94

螯肢亚门　　96

前世今生　　100
总体特征　　104
帝王蝎　　108
黄肥尾蝎、地中海黄蝎　　110
意大利真蝎、黄尾真蝎、鞭肛蝎属　　112
其他蝎子、拟蝎目　　114
聚焦：尾部的毒液　　116
塔兰图拉毒蛛　　120
间斑寇蛛、黑寡妇　　124
十字园蛛、横纹金蛛、叶金蛛　　126
避日蛛属、黄昏花皮蛛、家幽灵蛛　　128
原蛛亚目、雪梨漏斗网蜘蛛　　130
聚焦：老练的捕食者　　132
水蜘蛛　　134
盲蛛、盲蛛科　　138
节腹蛛属、须脚目　　140
聚焦：丝质建筑　　142
聚焦：死亡之吻　　146
人疥螨　　150
其他螨虫　　152
蜱虫　　154
聚焦：不速之客　　156
美洲鲎、蝎鲎　　158
皆足纲　　160

多足亚门　　164

演化与分类　　168
总体特征　　170
地中海黄脚　　172
蚰蜒、蜈蚣　　174
马陆　　176

棘皮动物门

演化与分类
总体特征
地中海海羊齿
海胆
聚焦：棘刺、毒素和欺骗术
乌爪参
瓜参、肌芋参
棘冠海星、其他海星
聚焦：珊瑚吞噬者
蛇尾纲、筐蛇尾、海雏菊
聚焦：水中闲游

脊索动物门

演化与总体特征
海鞘、头索动物
多刺小海鞘、玻璃海鞘
灯泡海鞘、史氏菊海鞘、其他被囊动物

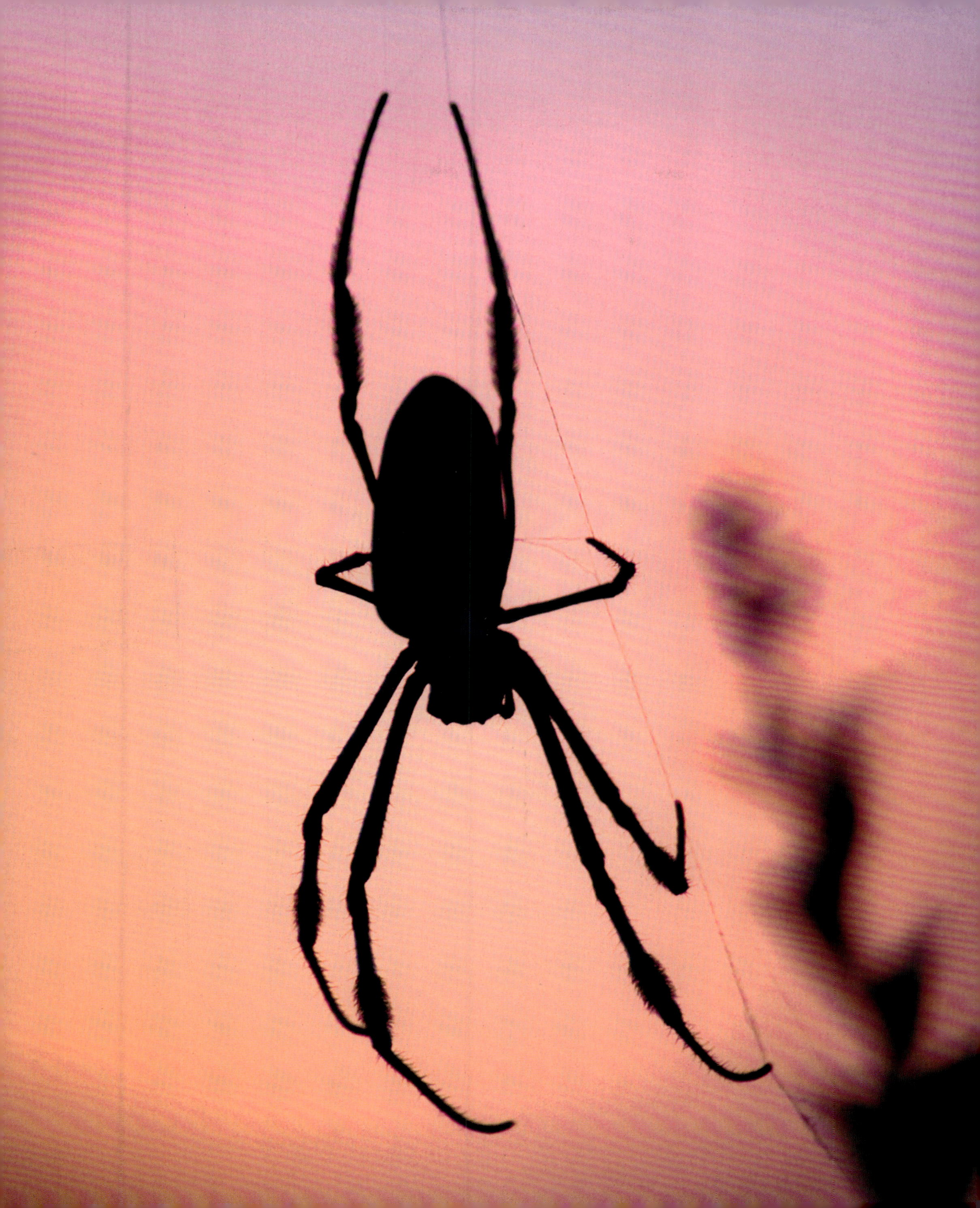

甲壳纲

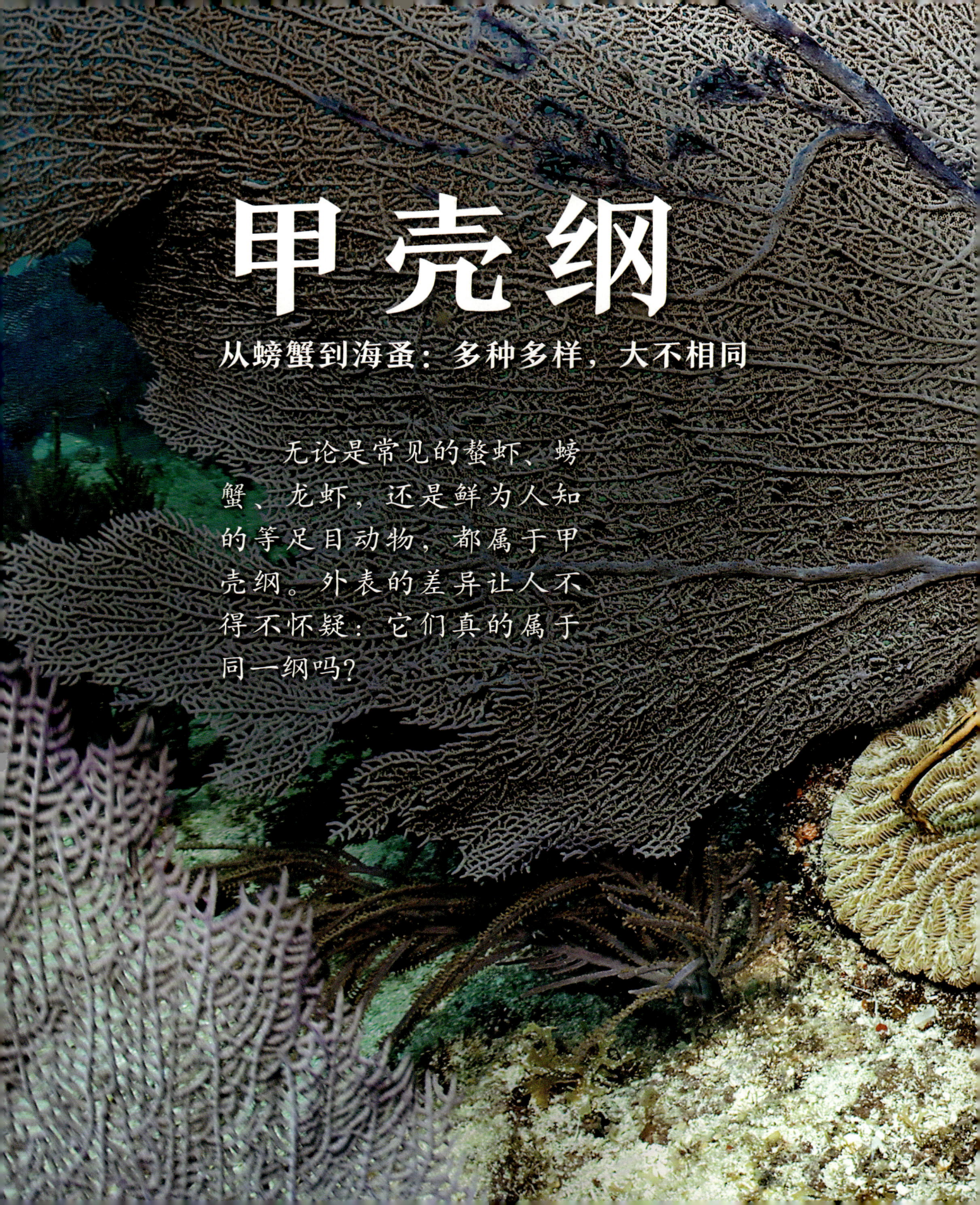

从螃蟹到海蚤:多种多样,大不相同

无论是常见的螯虾、螃蟹、龙虾,还是鲜为人知的等足目动物,都属于甲壳纲。外表的差异让人不得不怀疑:它们真的属于同一纲吗?

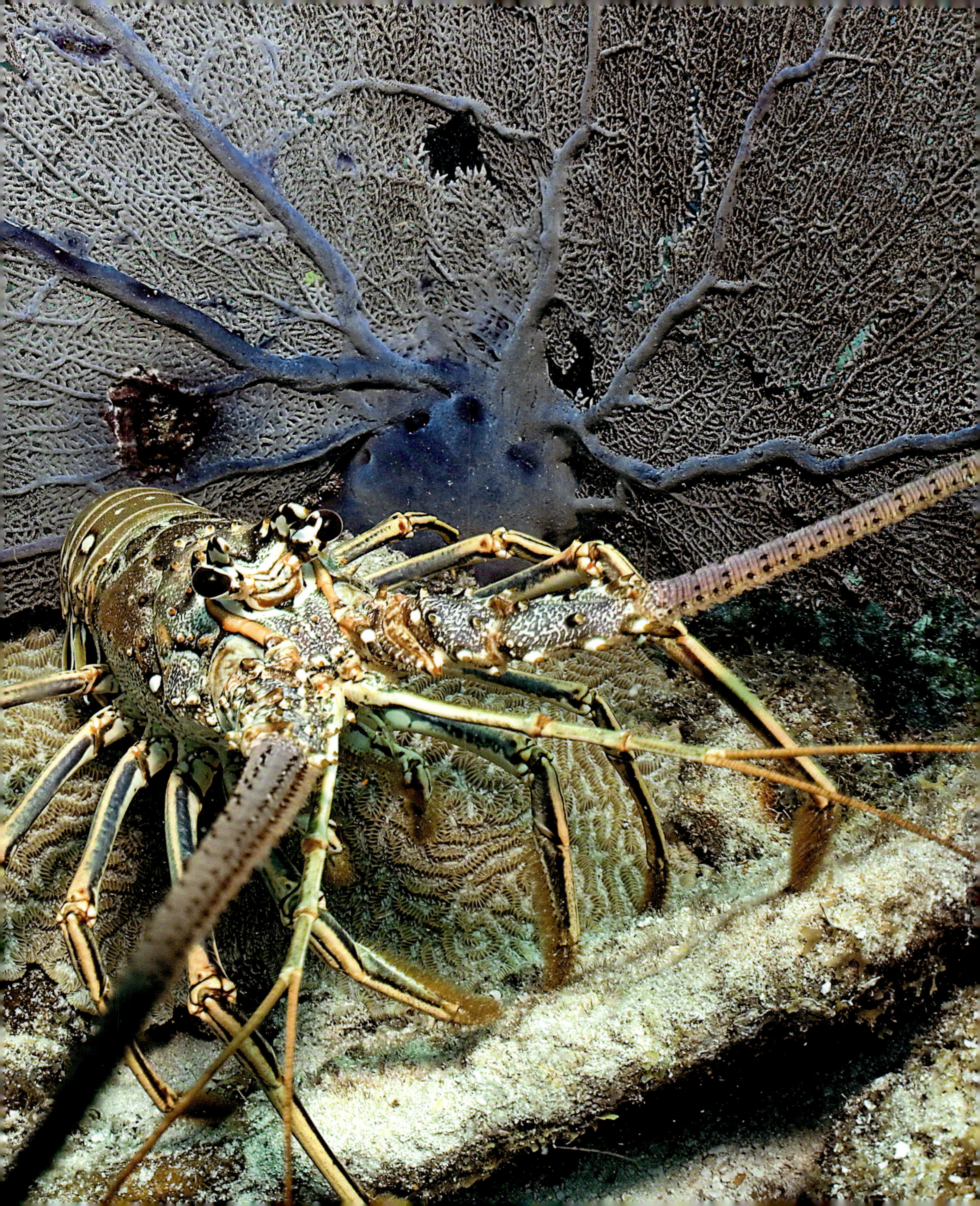

简介

甲壳纲动物是世界上数量最多的动物之一。海洋占据了地球表面四分之三的面积，也是绝大多数甲壳纲动物生活的地方，它们有的在海面活动，有的则活动于深海区域。除此之外，湖泊、河流及融雪后短暂形成的水坑也是它们的居所，在那里生活的往往是微型甲壳纲动物。陆地上也有甲壳纲动物的存在，如在潮湿泥土中活动的鼠妇和热带端足目动物。

甲壳纲动物和螯肢亚门动物是现存最原始的节肢动物，因为和其他动物相比，它们在更大程度上保持了5亿年前动物的结构特点。其主要原始性特征是：拥有两对触角；身体由多个体节组成；附肢为双肢型，如触角、足、局部口器。

上页图片：眼斑龙虾；本页图片：锯缘青蟹

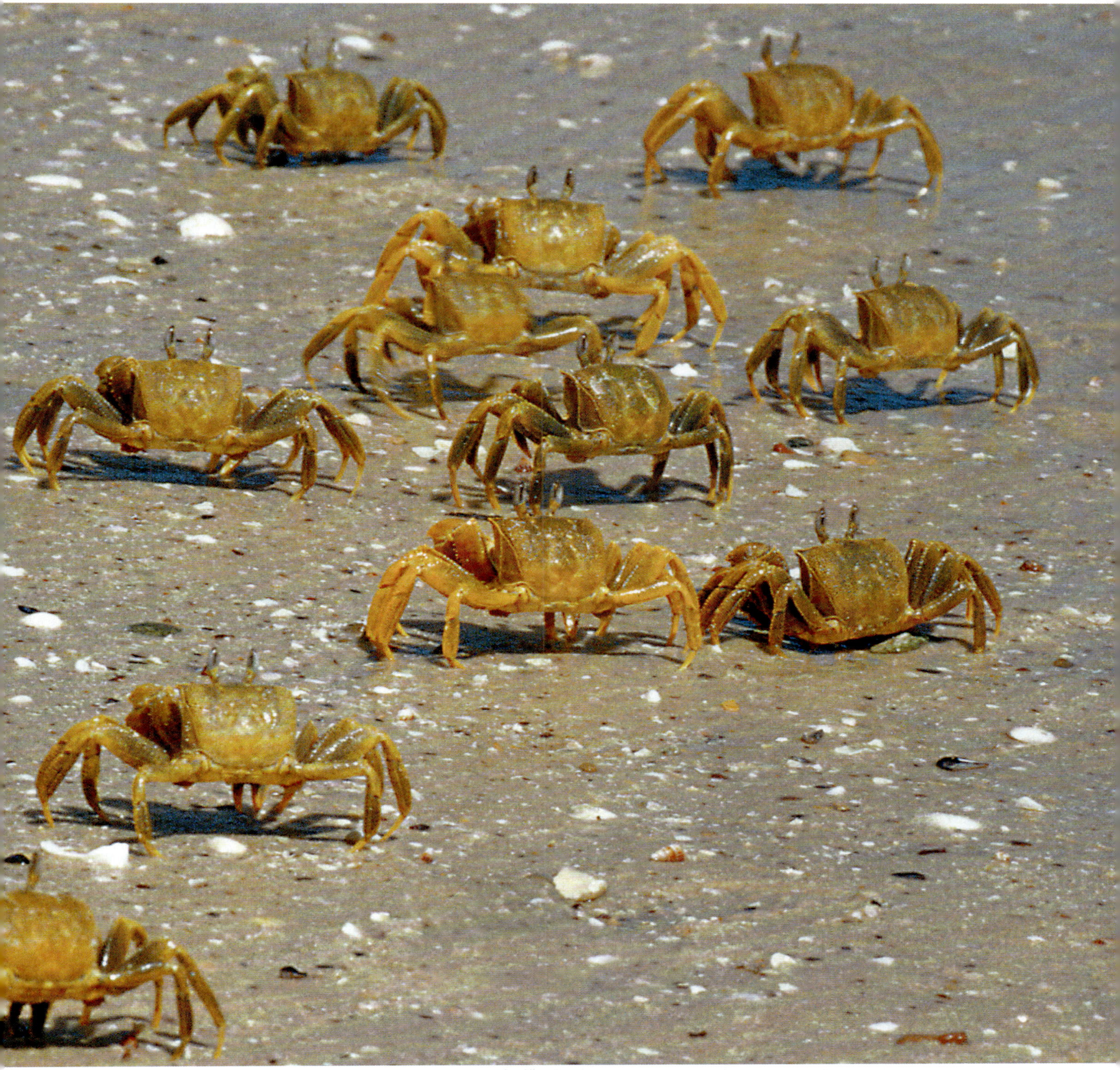

甲壳纲

前世今生

最早的甲壳纲动物可能出现在寒武纪，也就是三叶虫时代，但不排除在此之前已经有其他甲壳纲动物的存在。可以确定的是，在寒武纪，已经能明显区分介形亚纲和薄甲目动物。到了石炭纪，又出现了糠虾目、合虾总目及蔓足亚纲、鳃足亚纲动物。而十足目动物出现在古生代的最后阶段和三叠纪之间，这一时期距离今天更近。

化石

甲壳纲动物的化石很丰富，但都属于体型较大的动物，而小体型乃至微型动物，以及身体纤弱的大体型动物都无法留下化石。因此，根据化石来精确还原甲壳纲动物的演化过程不是一项简单的工作。目前已知最早的甲壳纲动物是角磷虾，生活于泥盆纪，体型很小，其化石依附在二氧化硅岩石中，得以保持身体结构的完整。其体长仅3毫米，身体由头部和19个体节组成，各个体节基本相似；附肢有11对，与现在的头虾纲和无背甲目动物相似。然而最有意思的一点是，角磷虾的身体分节且各体节体长相似，这表明它就是从原始环节动物演化而来的甲壳纲动物。

关联研究

化石所提供的指示信息并不完整，要想还原甲壳纲动物演化史中最古老的部分，古生物学家就不得不对现存生物进行解剖对比和幼体生长对比。例如，很多甲壳纲动物的幼体不分节，称为无节幼体，因此它们有可能是从一种类似于其无节幼体的动物演化而来的。另一个需要考虑的重要因素是与环节动物的相似之处：甲壳纲动物拥有更原始的神经系统，和环节动物的神经系统十分相似。总之，从解剖学角度来看，高等甲壳纲动物在头部、大脑、眼睛和视觉中枢等方面的特征与昆虫（最高等的节肢动物）类似，这促使人们推断甲壳纲动物和昆虫拥有共同的祖先，而不能确定甲壳纲动物是昆虫的祖先。

类曳虾，侏罗纪晚期的十足目动物，其化石发现于法国和巴伐利亚的石灰石岩层中。

化石数量众多的软甲亚纲

虽说精确地还原整个甲壳纲动物演化史并非易事，但软甲亚纲动物因其外壳坚硬，遗留了数量众多且保存完好的化石。软甲亚纲动物化石在海洋沉积物和淡水沉积物中都曾被发现。甚至还有一些陆生等足目动物，也就是鼠妇的祖先，完好地保存在始新纪晚期的波罗的海的琥珀中。其中保存最完好，同时也最重要的化石是十足目动物化石，从三叠纪开始它们就已经具备了很多和如今的十足目动物相同的特征。

三叠纪的十足目动物化石十分稀少，且只存在于欧洲，而此类动物在侏罗纪和白垩纪的化石数量逐渐庞大，除北欧地区外，在地中海海域和北非地区也曾被发现。根据古生物学家的资料，十足目动物适应沿海海域及礁石环境，在深海区域并没有它们的踪迹，它们从侏罗纪才开始出现在淡水中。

对照

原始型

海虱，属甲壳纲等足目，分节结构十分明显，可以证实它们是环节动物的后代。

现代型

远海梭子蟹，分节结构不明显。

岩石的建造者

十足目动物在其生活环境的"矿物化"过程中扮演着重要的角色，它们带来了磷酸盐成分。另外，其排泄物也为岩石堆的形成发挥了重要作用，可见于一些侏罗纪形成的阿尔卑斯山岩石中。

远古寄生虫

在大量侏罗纪和白垩纪的软甲亚纲动物化石中都发现了其他寄生甲壳纲动物的踪迹，它们属于等足目，会使宿主的鳃部形成赘生物，正如现在的寄生亚目动物。

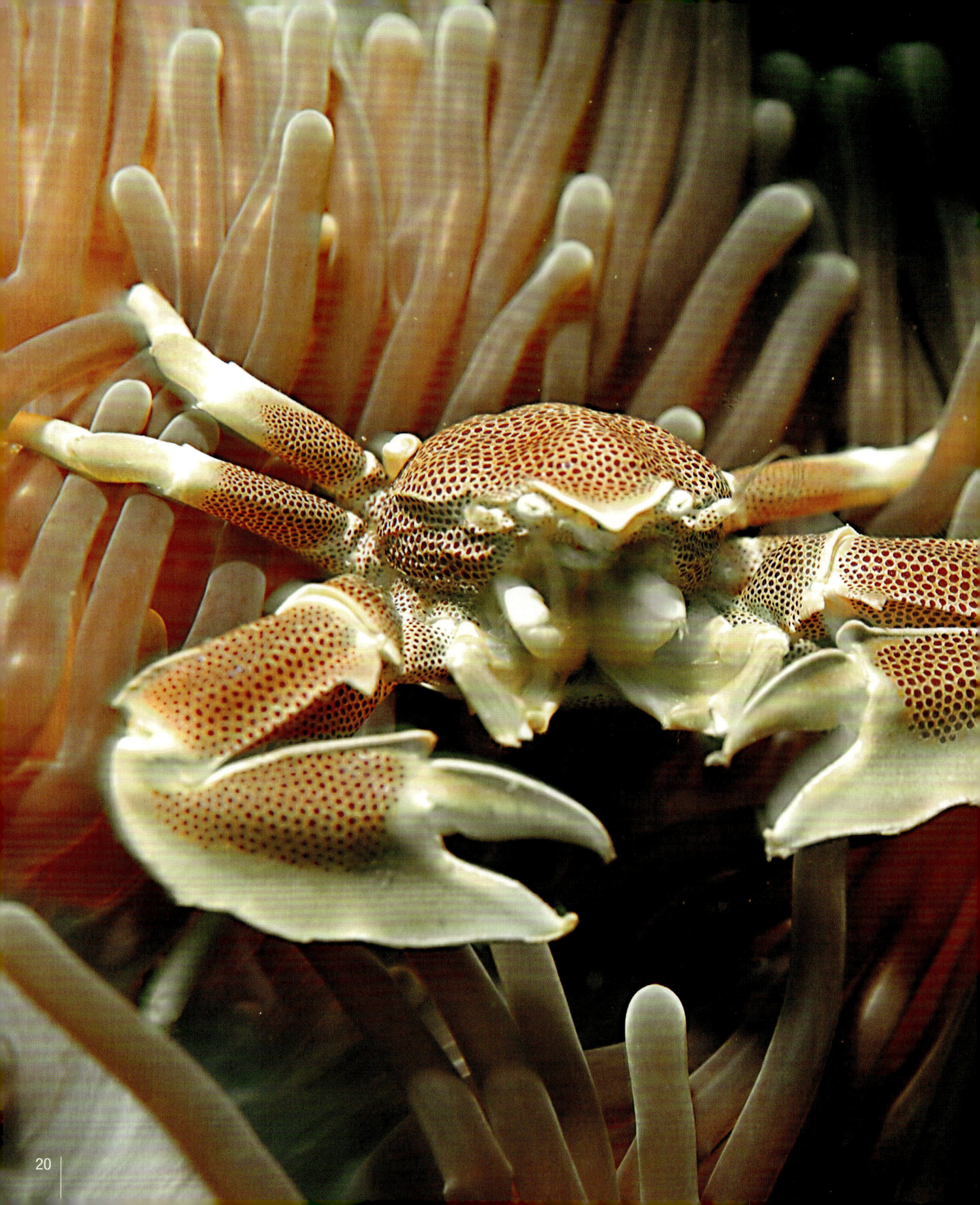

等足目鼠妇属，这类甲壳纲动物表面看起来只有三对足，事实上第四对足藏在其甲壳下方。

头虾亚纲——活化石

幸运的是，并不是所有原始甲壳纲动物都在地球上消失了，其中有一部分一直存活到今天，它们是过往地质时代最为珍贵的见证。"活化石"指的是头虾亚纲动物，它们直到近几十年才在距纽约几千米的长岛海岸被发现，体长仅3毫米，生活于泥浆及深海泥沙的间隙中，无眼（自生活于黑暗环境中开始），通过足部和触角感知周围环境。其最重要的特征为身体由多个体节构成，各个体节几乎完全相同；颚部尚未区别于移动附肢，也就是说，所有附肢都具有相同的功能，而这一身体构造（身体各分区无特定功能）明确显示了它的原始性。

介形亚纲

介形纲动物体型较小（体长不超过2毫米），整个身体完全被包裹在两瓣介壳构成的甲壳内，因此它们才得以在岩层沉积物中保留了亿万年。从远古到现在，只要是在水生环境中，无论是淡水、盐水还是海洋，甚至高浓度盐水，从2℃的深海区域到50℃的淡水温泉，它们都能存活下来。由于演化过程迅速，它们被古生物学家认为是最好的地层"标记者"。换句话说，通过遗留在岩石中的介形纲动物化石，可以确定其所在沉积物的地层年代。

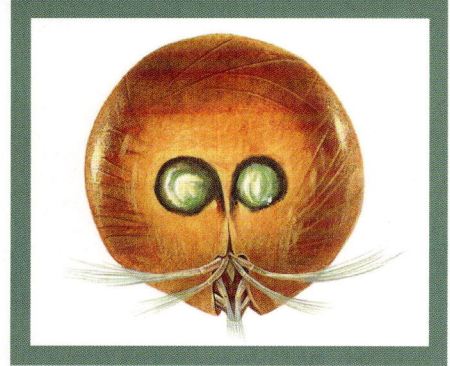

巨大的形态差异

甲壳纲动物的分类在连续不断地更新，因此存在多种不同的观点，但是没有一种说法是被广泛认可的，至今仍在讨论中。不同种类的甲壳纲动物在结构、形态方面有明显的差异，在非专业人士看来，小小的桡足亚纲动物、茗荷和招潮蟹根本不可能属于同一大类。虽然甲壳纲动物的基础结构完全相同，但在结合它们之间的巨大差异，尤其是幼体阶段的区别后，对其分类自然就有了各种各样的说法。

目前，动物学家将4万多种动物归于甲壳纲，其中超过三分之二是体型较大的，被分在软甲亚纲；其余的种类较为原始，体型较小，甚至在显微镜下才可见，过去被分在切甲亚纲。事实上，切甲亚纲动物本身就存在差异，比如体节数目不具备一致性；相反地，软甲亚纲动物的体节数目相同。尽管如此，软甲亚纲动物也形态各异，因此在各自的目类中被细分为各种超目。

最传统的分类方法是将甲壳纲动物分为六类：鳃足亚纲（或叶足亚纲）、介形亚纲、桡足亚纲、蔓足亚纲、鳃尾亚纲和软甲亚纲。

后来的分类方法引入了颚足纲，其中包括桡足亚纲、蔓足亚纲和鳃足亚纲。最新的分类方法又引入了桨足纲（小型甲壳纲动物，生活于岩洞中）和头虾纲（小型甲壳纲动物，生活在海洋沉积物中，如马蹄虾）。

23

右图、下页大图：海参蟹（紫斑光背蟹），栖息于海参属动物身上，与其共生。

下图：幽灵蟹，也称沙蟹，眼睛直立于身体上方，几乎具有360°全方位视野。

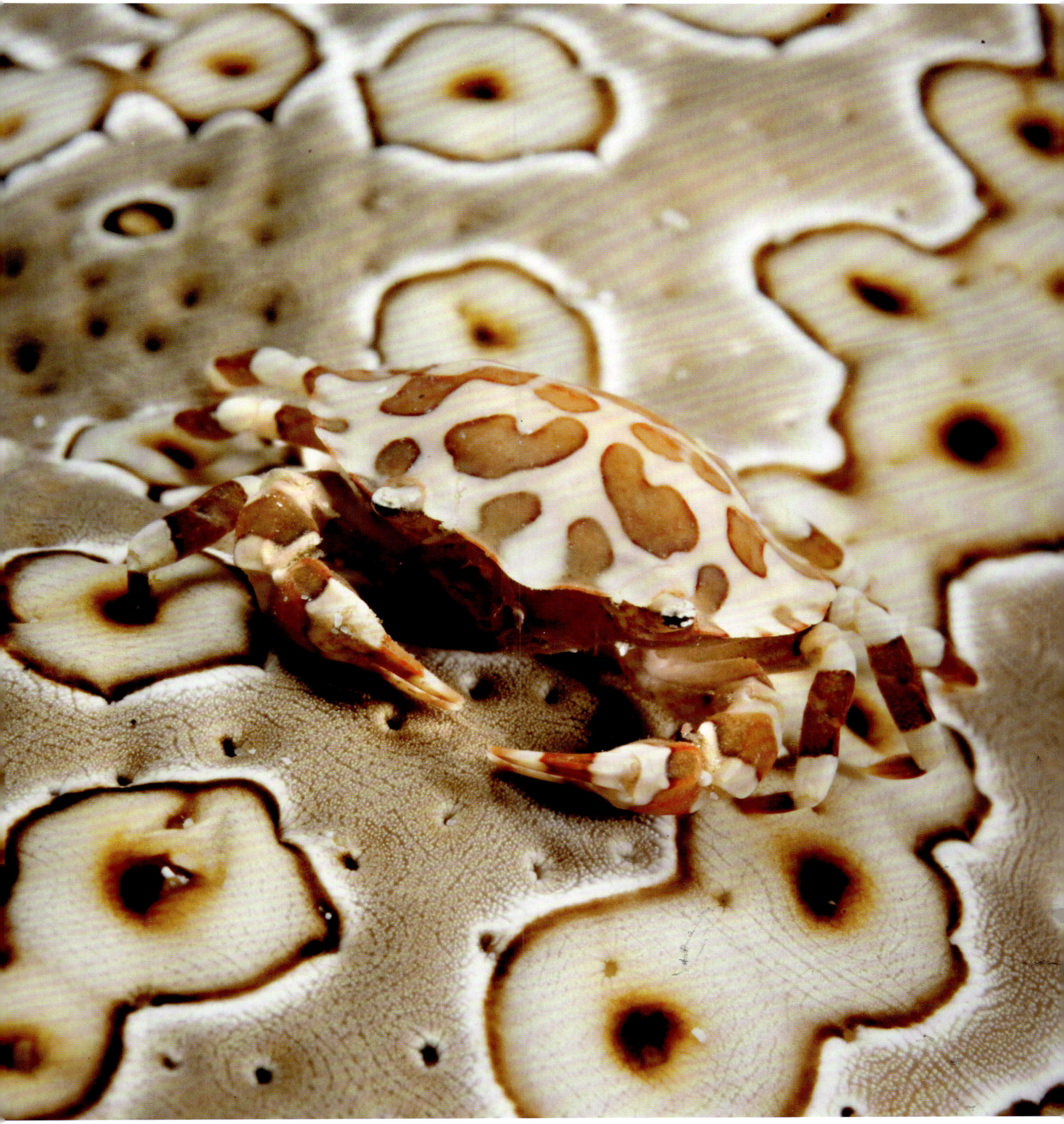

甲壳纲

总体特征

甲壳纲动物的身体分为头部和躯干，由数量不一的环节或体节构成（鳃足亚纲动物最多能有50个体节）。

绝大多数甲壳纲动物的头部体节紧密相连，而躯干则分为两部分，即胸部和腹部，每部分都由多个体节构成，不同的种类体节数量不一。

软甲亚纲动物，也就是体型较大、众所周知的甲壳纲动物，其头部、胸部、腹部是明显区分的；而其余众多甲壳纲动物的头部和胸部愈合在一起，形成所谓的头胸部。

关于构成甲壳纲动物身体的体节，前文已经提到，原始甲壳动纲物保留了很多体节，各体节差异不大且每节都长有附肢，所有附肢都极其相似。而高等甲壳纲动物的体节和附肢具有明显差异。

外壳

这类节肢动物之所以称作甲壳纲，是因其身上覆盖着一层坚硬的表皮，其作用如同外骨骼，一般由相互连接的体节构成，此结构可见于螃蟹、龙虾等。相反地，一些小型或微型甲壳纲动物的外骨骼极薄，在面对敌人时毫无防御作用，但也是必不可少的，因为有了这样的结构，其肌肉才得以完全依附。

甲壳纲动物最典型的部分就是头胸甲，从背部的表皮边缘长出，与头部和胸部的连接处齐平，形成一块保护盾，覆盖身体前端；有时甚至从两侧向下延伸，将足部完全包裹在其中。然而，不是所有的甲壳纲动物都具备头胸甲，有的头胸甲较小，而有的则完全没有头胸甲。

呼吸

许多小型甲壳纲动物体表的外骨骼很薄，呼吸方式为体表呼吸，即通过皮肤表面进行气体交换；而表皮较厚的甲壳纲动物都以鳃作为呼吸器官，附在体侧壁上与附肢保持水平。甲壳内侧对应鳃的位置，其厚度自然也会变薄。十足目动物的鳃不是自由暴露在身体外部的，而是位于鳃室内，水流入鳃室，在鳃腔中循环，实现水和血淋巴的氧气交换。血淋巴中包含一种含铜离子的呼吸蛋白，叫作血蓝蛋白。

双肢型附肢

尽管甲壳纲动物的附肢形态各异，但所有的形态都建立在一个主要模型之上，就是双肢型附肢，它由一个基本体节构成，该体节上有两个平行的部分，一个在内，另一个在外。甲壳纲动物的头部有五对附肢：第一触角、第二触角、大颚、第一小颚、第二小颚。可以看出，甲壳纲动物拥有两对触角，而昆虫和千足虫只拥有一对触角，这是甲壳纲动物最突出的特征之一。按照常规，触角是用来感知气息、味道和触觉的感觉器官，但在某些情况下也具备游泳或黏附的能力。

一般来说，甲壳纲动物的足部在游泳时起"桨片"的作用，足的底部是鳃，用于呼吸。鳃的外形是一绺细长的丝状体，充血。至于为什么鳃位于足的底部，经研究发现，足的底部是水循环最好的部位。

图中的幽灵蟹正在不停地快速淘沙挖穴。

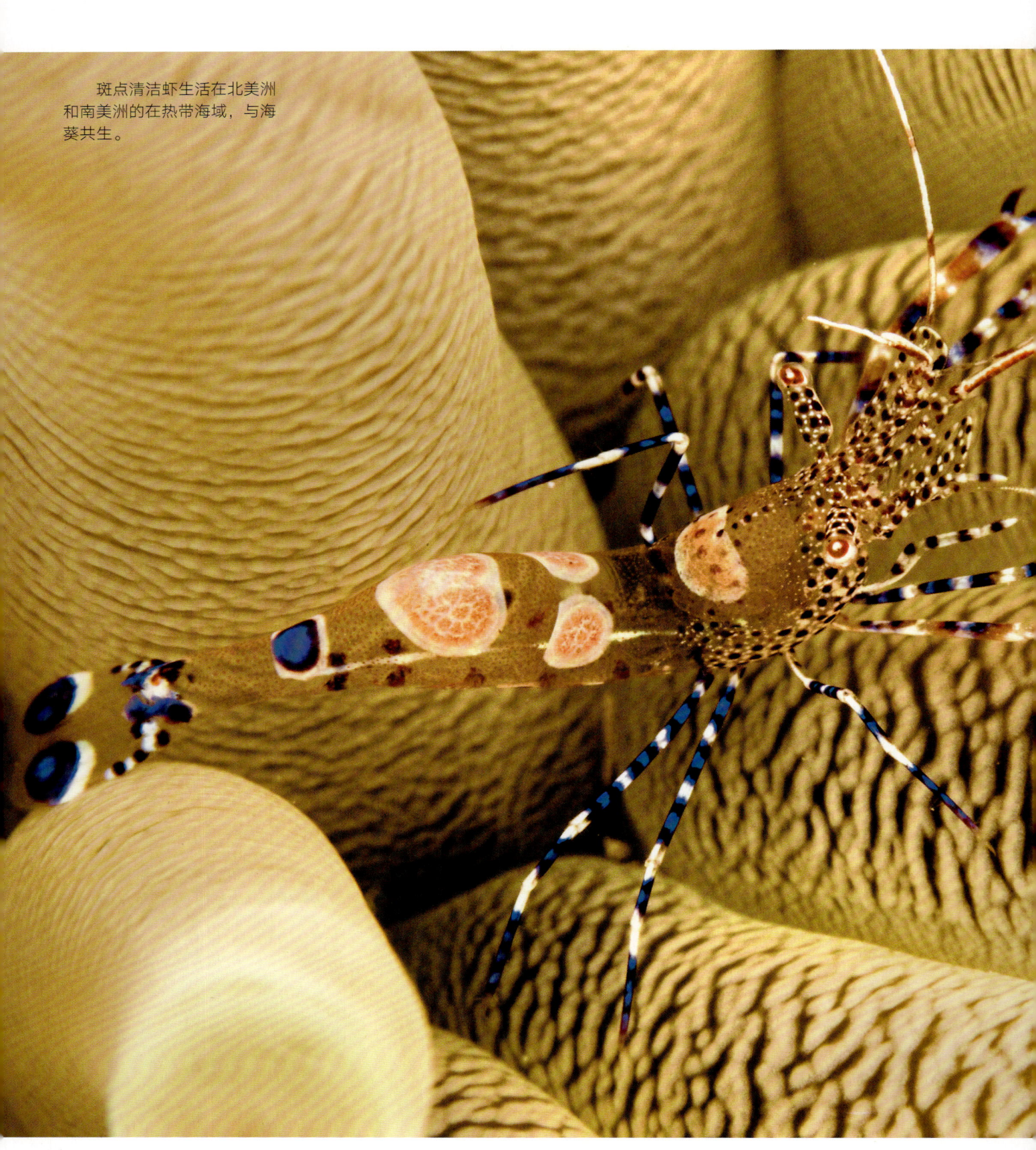

斑点清洁虾生活在北美洲和南美洲的在热带海域，与海葵共生。

甲壳纲动物的颜色

由于体内拥有多种色素，多数甲壳纲动物都呈现相当鲜艳的色彩，如红色、黄色、绿色、蓝色、紫色等。这些色素分布在其表皮内侧的色素细胞中。很多甲壳纲动物体内的色素分布会根据环境发生变化，使其得以伪装自己。

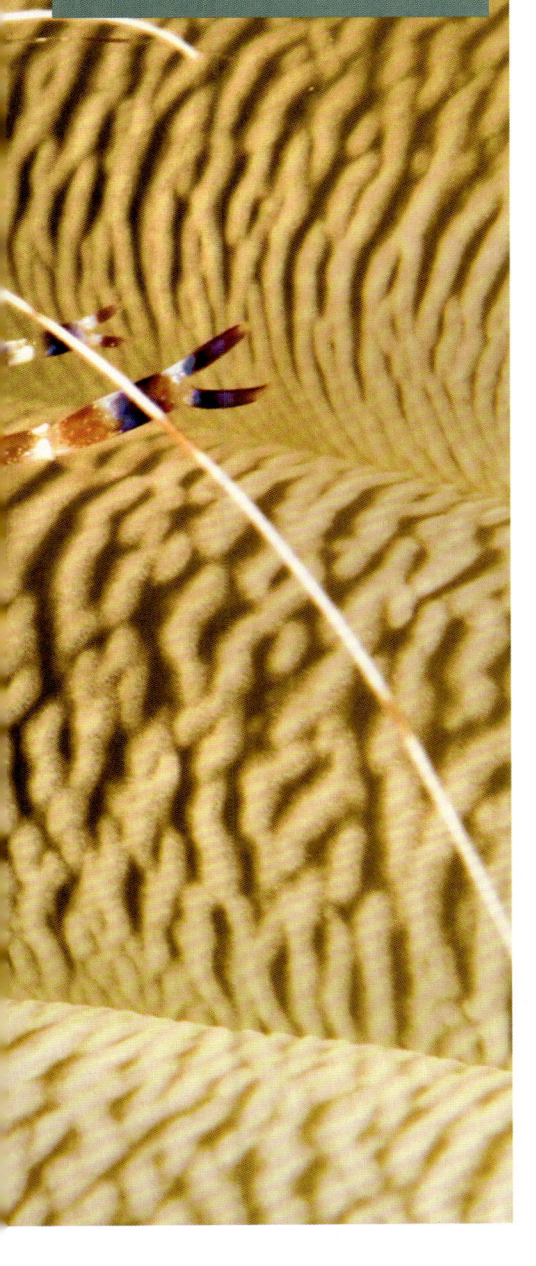

消化器官

几乎所有甲壳纲动物的消化管都是笔直的，除了其前端向下弯曲延伸至口部。消化管分为三部分：前肠、中肠和后肠。一般情况下，唾液腺位于前肠的前端，原始甲壳纲动物的前肠还具备用于过滤、储备食物的骨板和硬齿；而更高等的十足目动物，其前肠会扩张形成磨胃。

中肠的前端分布着一些相当复杂的盲囊，构成肝胰腺，提供消化活动所必需的消化酶。甲壳纲动物具备排泄器官——触角腺和小颚腺，它们通过这两个器官将废物分别从触角和小颚附近排出。

循环器官

甲壳纲动物通常具备开放式循环器官，也就是心脏，由一张血管网膜和腔隙系统构成。和消化道相对，心脏位于背部，被包裹在心包胸内，由称为心孔的特殊小孔供给营养；通过心脏内壁的收缩，血淋巴被输送到动脉，同时毛细血管将血淋巴输送到身体所有的腔隙中，包括与鳃齐平的腔隙；通过心孔，富含氧气的血淋巴回到心脏内。

神经系统

不同种类甲壳纲动物的神经系统千差万别，有的和所有的节肢动物一样，有相同的基础结构；有的则有更加高等、复杂的结构。原始甲壳纲动物拥有大量上食管神经节，称为脑神经，和脑后的双链神经锁相连；而高等甲壳纲动物的双链神经锁向中央位置愈合成单链，神经节不再分节（一个体节各有两个神经节），腹神经链上的神经节合并在一起。最高等的甲壳纲动物，比如螃蟹，其脑部十分发达，头胸部和腹部的神经节全部结合在一起。

感觉器官

甲壳纲动物的感觉器官都很发达，但似乎缺少了听觉。眼睛分为两种类型：单眼（奇数）和复眼（偶数）。和昆虫一样，甲壳纲动物的眼睛并不能看清物体的细节，但可以感知物体的运动，这对于捕获猎物和逃离捕食者是不可缺少的。在触觉方面，它们的身体和附肢上分布着带有触觉功能的硬毛和茸毛，而触角上分布着带有嗅觉和味觉功能的硬毛。其他感觉器官像茸毛一样，用来感知水波的振动，而身体的方位则通过专门的静态器官指示。

拳击蟹（花纹细螯蟹）

繁殖

绝大部分甲壳纲动物是雌雄异体的；较少的一部分是雌雄同体的，常见于寄生类，实行单性繁殖（孤雌繁殖）。绝大多数物种的雄性和雌性的外观存在差异，尤其是触角和附肢。另外，在雄性身上，靠近生殖孔的附肢往往会演化为利于交配的器官。

受精方式有体外受精和体内受精两种。一种叫作无节幼体的特殊幼虫从受精卵孵出，体型极小，呈梨形，带有三对附肢，在生长的过程中会分别转变为两对触角和一对大颚。其身体的其他部分在随后的生长阶段中会经历数次蜕皮，直到呈现最终的形态和大小。由于体型变大，成年甲壳纲动物也会继续经历蜕皮，但速度较慢。

宽钳寄居蟹的特写，和其他寄居蟹一样，它也是海葵的共生体。

内分泌腺

甲壳纲动物体内有许多内分泌腺，其分泌的激素对蜕皮和附肢再生、第二性征和生殖，以及体壁色素细胞的变化起调节作用。值得注意的是，甲壳纲动物（以及其他无脊椎动物）的内分泌腺的工作方式和脊椎动物的内分泌系统的工作方式是相似的。

31

甲壳纲

十足目和磷虾目

螯虾、螃蟹、磷虾：有"盔甲"的生活

在甲壳纲动物的探索之旅中，主角不仅仅有海洋动物，还有生活在湖泊、河流和陆地上的动物。它们的身体完全被甲壳保护着，仿佛一块小型盔甲。

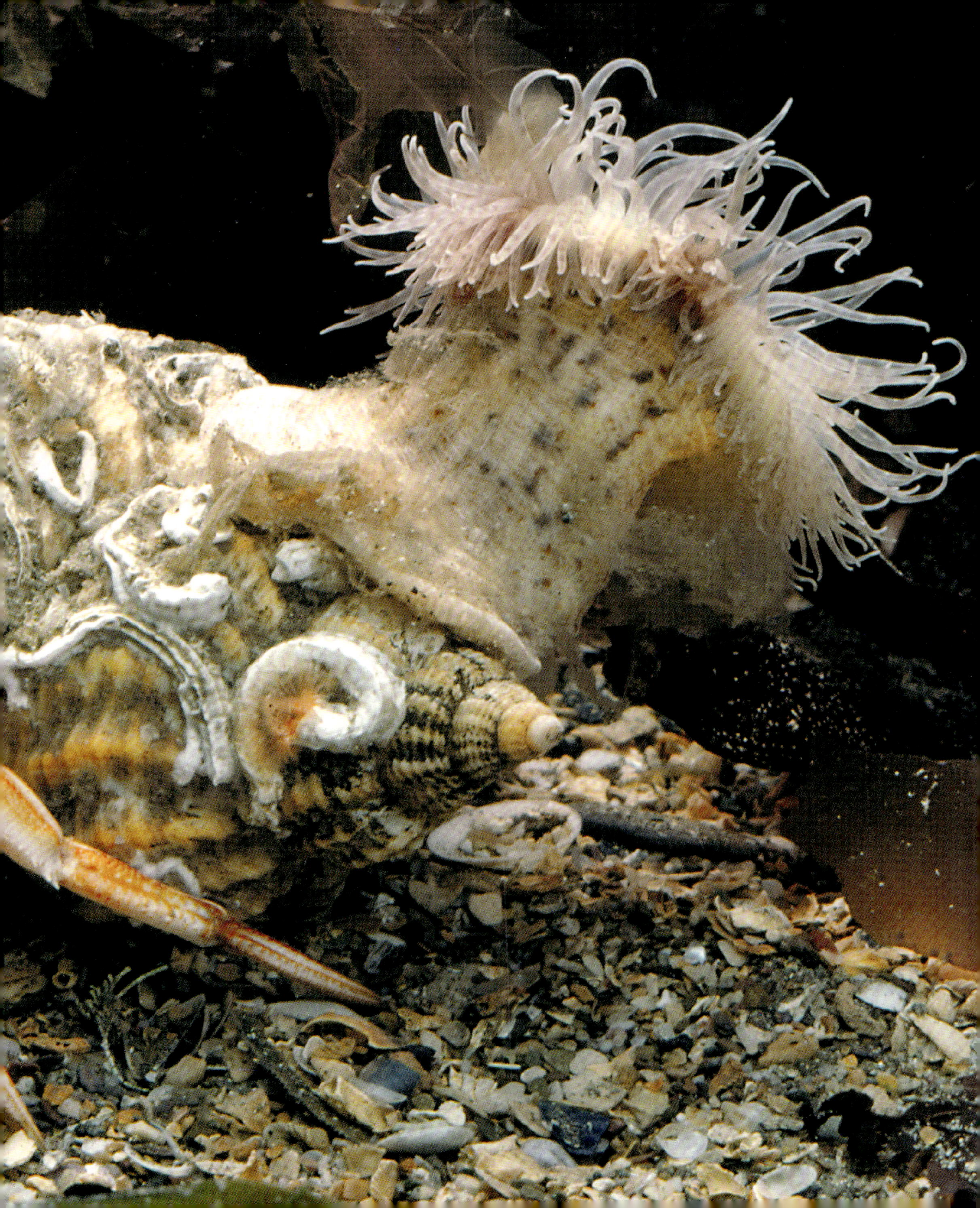

简介

十足目和磷虾目属于真虾总目（软甲亚纲），其特点是有两条演化轨迹：一条（由十足目演化而来）是关于海底动物的，包括大型甲壳纲动物；另一条（磷虾目的祖先）则是浮游动物，它们生活在广阔的海面，不接触深海区域。十足目和磷虾目动物拥有以下共同特点：表皮甲（或头胸甲）演化完全并与胸部的所有体节愈合在一起，具有柄眼（具备一个长条形的支撑部位，称为眼柄），经历多个幼体阶段生长且将受精卵置于附肢上直到其孵化。十足目动物拥有五对有活动功能的胸肢，其中很多物种的一对胸肢演化为螯肢。磷虾目动物的眼基部、足底部、腹底部都具有发光器。

上页图片：贝纳多寄居蟹；本页图片：红石蟹

35

锯齿长臂虾
Leander serratus

目	十足目
科	长臂虾科
体长	8~10厘米
分布	地中海和大西洋

锯齿长臂虾分布于地中海和大西洋沿岸的礁石海域，能游至水下40米深处；耐高温，不喜光，因此偏爱隐蔽的阴暗环境。其甲壳覆盖胸部和头部，一直延伸至眼部，并形成向上突起的额剑；体型狭长，身体两侧紧压；具柄眼；附肢、钳爪和触角均十分纤薄；最后一对附肢宽如叶状，为尾鳍。它的身体呈透明的淡黄色，中间夹杂紫色条带，可通过刺激神经使细胞中的色素发生变化而改变颜色。锯齿长臂虾属杂食性动物，以有机碎屑、水藻和小型甲壳动物为食。它的繁殖期为11月至次年6月，雌性根据其体型大小，产卵1500~4000枚不等。

意大利米虾
Palaemonetes antennarius

目	十足目
科	长臂虾科
体长	4~4.5厘米
分布	意大利

意大利米虾体型较小，颜色趋于透明，分布在意大利的众多河流、沿海湖泊及内陆湖泊中。其足纤长，齿形额剑十分明显；属肉食性动物，是灵活的"游泳健将"，通过尾部击水实现迅速的移动。由于大量捕捞和水质污染，意大利米虾的数量正在减少。

同属的还有洞穴长臂虾，分布于美国，因生态环境恶化而濒临灭绝。

在黑暗中探索

尽管拥有突起的大眼睛，锯齿长臂虾的视力却并不好。事实上，它可以察觉到突然移动的物体，而为了避开障碍物、确定食物或同伴的位置，则需依靠触角，这些纤细的附肢可以打探周围的环境并感知气味。如果没有触角来感知食物的位置和气味，它很可能无意间就已经踩踏上去。

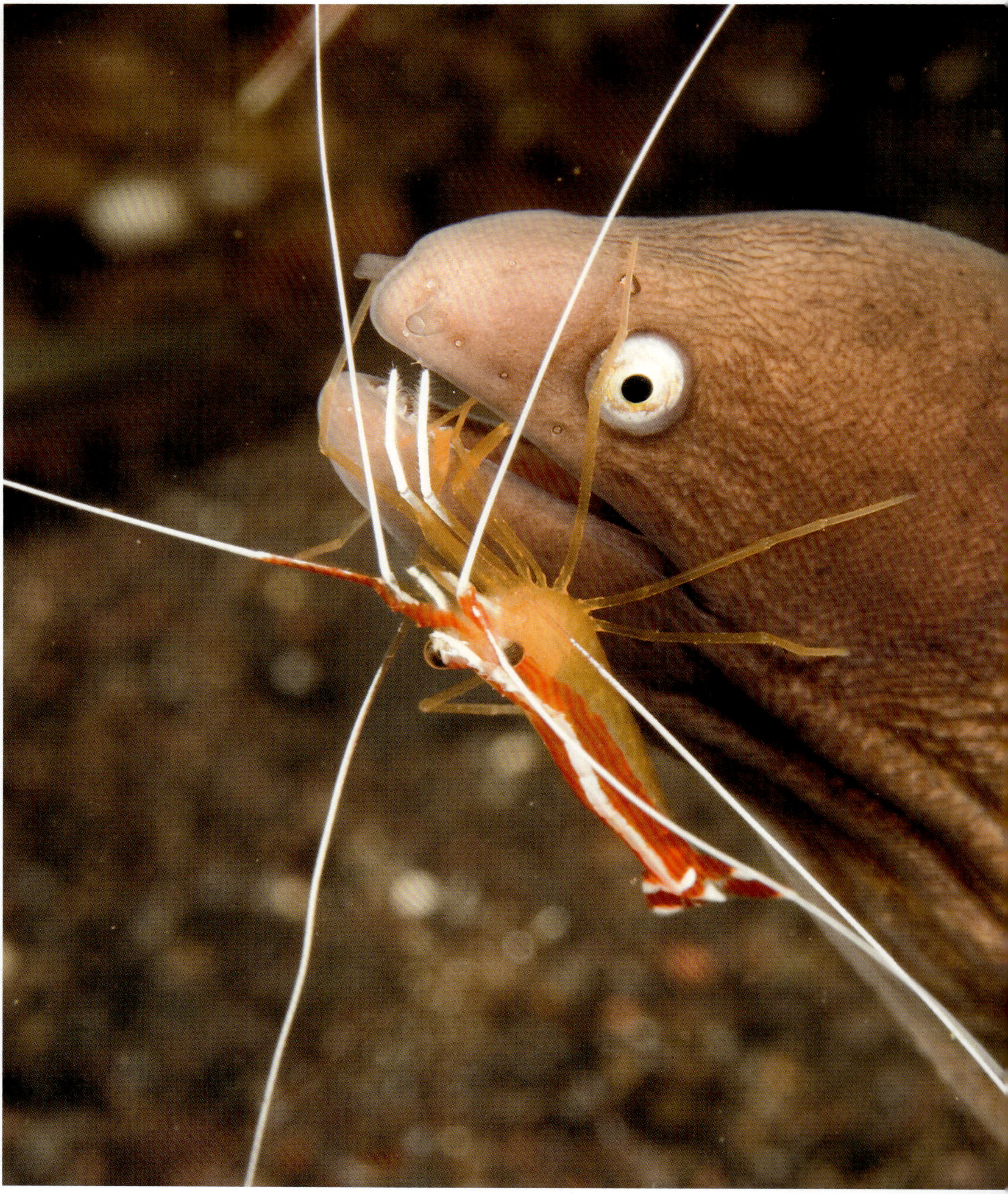

清洁虾以海鳝（Siderea thyrsoidea）的寄生物为食。这一习性在动物界普遍存在，比如牛椋鸟，通常停歇在食草动物的脊背上，并以隐藏于其毛皮中的寄生虫为食。

清洁虾
Lysmata amboinensis

目	十足目
科	藻虾科
体长	3~5厘米
分布	印度洋和太平洋

清洁虾分布于印度洋和太平洋的珊瑚礁海域，是一种小型十足目动物。它拥有独特的外形；身体呈浅橙黄色，背部呈鲜红色，中间部分有一条白色色带纵向跨越脊背。其额剑呈齿状，长度较短；有三对白色的长触角，具伸缩性且十分敏感，处于持续不断的摆动中。奇特的是清洁虾的幼体都是雄性，而随着生长发育逐渐出现雌性特征，因此它是雌雄同体的。

清洁虾因其主要功能而得名——以小型寄生物、鱼类牙齿中的食物残留为食，同时在鱼类身上开展"清洁"工作，而鱼类也欣然接受。

褐虾
Crangon crangon

目	十足目
科	褐虾科
体长	3~5厘米
分布	北海，地中海

褐虾主要生活在北海的较浅海域（最深20米），少部分生活在地中海海域，经常活动于低潮拍打的沿海区域。它拥有大眼、短额剑，身体上覆盖着扁平的头胸甲。此外，它还具备拟态的外壳——呈灰褐色并带有微小的深色斑点。

褐虾白天隐藏在沙子中，夜晚外出觅食，食物是其他甲壳纲动物、小虫和软体动物。褐虾作为人类最受欢迎的海鲜之一，是渔业的重点捕捞对象。

南极磷虾
Euphausia superba

目	磷虾目
科	磷虾科
体长	5~15厘米
分布	南极海

南极磷虾生活在南极海的寒带海水中，以群聚方式生活，在几千米的直径范围内其数量可达几百万只。它是鲸的主要食物。一头鲸每天要吃掉约2吨重的食物，还包括鲱鱼、海豹、企鹅和其他海生鸟类。南极磷虾的外观与锯齿长臂虾类似，但体型较之更大；仅食草，主要以硅藻和其他浮游植物为食。与其他甲壳纲动物一样，南极磷虾的受精卵在胸肢上短暂停留；从幼体阶段到成体阶段，需经历16~20次蜕皮。

北方磷虾
Meganyctiphanes norvegica

目	磷虾目
科	磷虾科
分布	北冰洋，大西洋和地中海

和普通的磷虾一样，北方磷虾是鲸、海豹、鱼类和多种海生鸟类的主要食物。它们以群聚方式（数量以百万计）生活在北冰洋、大西洋的西北部海域和地中海，经常活动于开放海域，深度范围从海面一直到海下500米处。北方磷虾的外观与河虾类似，以其尖锐的尾端和两侧未被甲壳覆盖的鳃区别于其他物种。和所有的磷虾目动物一样，北方磷虾的眼基部、足底部和腹底部都具备发光器，因此得以生活在黑暗的深海环境中。

39

美人虾
Stenopus hispidus

目：十足目
科：猥虾科
体长：5.5~6.5厘米
分布：印度洋，太平洋和大西洋西部

美人虾广泛分布于印度洋、太平洋和大西洋西部（从百慕大群岛到南美洲北海岸）的热带海域。一般活动于距海面2~4米的岩石或珊瑚区域，但有时可潜至水下200米深处。它的身体布满棘刺；第三对足带有长长的钳爪，遇到危险情况时可自行截断，之后重新生长出来。美人虾的身体颜色为红白相间，长触须呈白色；还有些部分呈半透明状，如足部。

大多数美人虾成对生活，可在同一个地方居住长达数年。它属肉食性动物，主要以其他甲壳纲动物和海洋无脊椎动物为食。

海螯虾
Nephrops norvegicus

目：十足目
科：海螯虾科
体长：20~24厘米
分布：大西洋，地中海

海螯虾常见于大西洋和地中海，生活于较深的海底，喜爱低温海水和沙质、泥质海床，如斯堪的纳维亚半岛和冰岛的深海区域。其体型较长，身体呈暗黄色和玫瑰色，额剑突向高处，一对细长的钳爪使它看上去十分独特。海螯虾天性好斗且有强烈的领地意识，以虫子和小型甲壳纲动物为食，并且只在夜晚猎食，白天则躲避在海底沙砾的孔洞中。其肉质鲜美、柔软、细嫩，因此成为密集捕捞的对象。

类似的物种还有拟海螯虾，广泛分布于大西洋西部海域，其中有大西洋拟海螯虾，一般活动于距海面数百米的深海区域。

海螯虾的逃生手段

在生存斗争中，一些甲壳纲动物（如海螯虾）可以依靠一种非常独特的防御系统来逃脱捕食者的"魔爪"。事实上，在它们的钳爪和附肢上有一些特殊部位随时准备断裂。也就是说，在遇到危险的情况下，关节处的肌肉会收缩并自行切断钳爪或附肢，以逃离追捕者并躲藏在隐蔽处。其实，这样的牺牲并不大，因为断裂的附肢在短时间内就会重新生长出来。

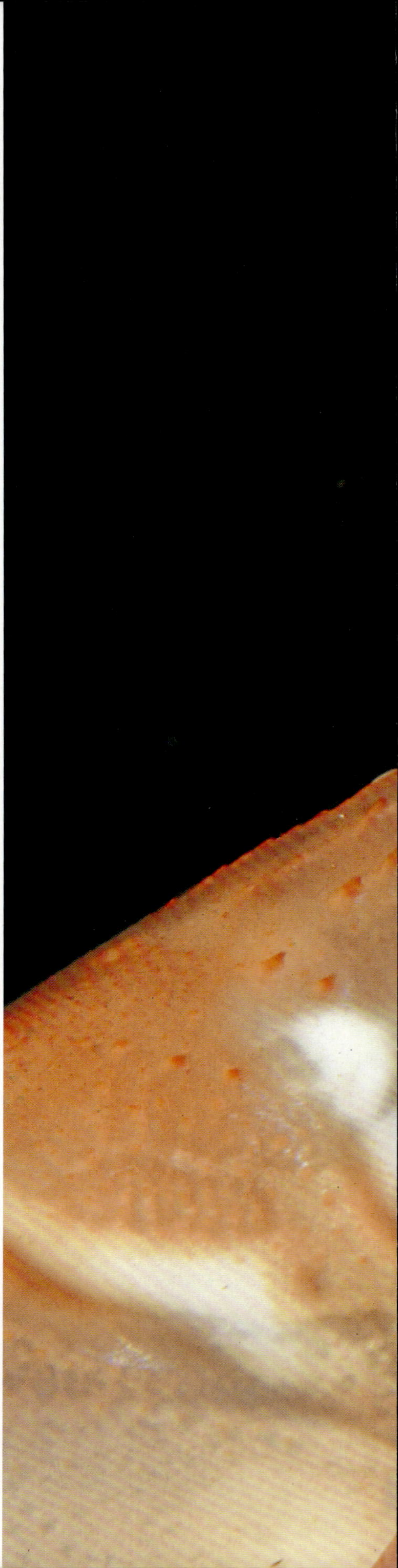

海螯虾不仅是卓越的"游泳健将",而且是优秀的"徒步者"。它的头胸甲带棘刺,从下方可见身体由六个体节构成;额剑带有棘刺,两只螯爪十分结实有力;眼睛呈黑色,具柄且移动灵活。

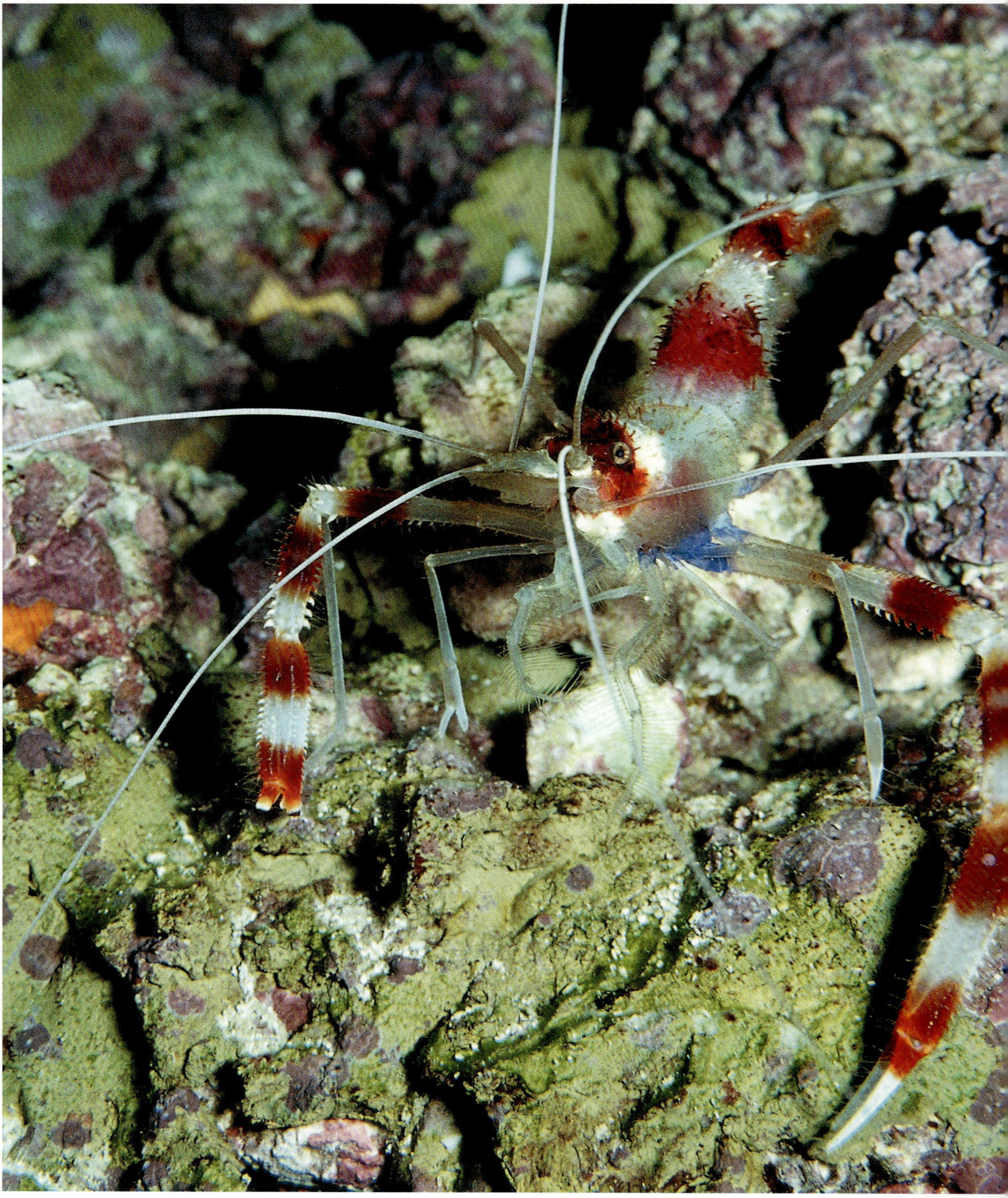

美人虾喜欢黑暗的环境，因此生活在岩礁和深海珊瑚区域。

左图突出展示了美人虾的颜色，即红色部分与半透明部分交替出现，具有拟态效果。

美洲海螯虾
Homarus americanus

目	十足目
科	海螯虾科
体长	25~110厘米
分布	大西洋西部

美洲海螯虾是北美洲独有的海螯虾品种，沿大西洋西部（从拉布拉多半岛到美国）分布，生活于温带和寒带海水中，尽管有一部分生活在浅海区域，但主要集中在距海面300米以上的深海区域，它喜欢那里的岩礁，在那里很容易找到藏身之处。和欧洲龙虾相似，美洲海螯虾的第一对足一直延伸到头部，形成两只互不相同的螯爪，大的一只用来磨碎猎物，而另外一只螯爪上有锋利的齿状物，用来切开食物。它的身体呈黑绿色或褐绿色。

美洲海螯虾生性孤僻，只在夜晚外出觅食，通常以活的动物为食，有时也吃动物尸体，主要食物为螃蟹、蜗牛和小型鱼类。雌性美洲海螯虾根据不同的体型，产卵3000~75000枚不等，受精卵在其尾部下方驻留10~11个月，直到孵化。然而，因存在贪婪的捕食者，往往只有极少数幼体能在孵化几周后存活下来。

欧洲海螯虾
Homarus gammarus

目	十足目
科	海螯虾科
体长	30~50厘米
分布	大西洋东北部，地中海

欧洲海螯虾也称海虾、海之狼或海之象，分布于大西洋东北部（从挪威至摩洛哥）和地中海的沿海礁石地带，通常活动于几米深的海域，有时也可潜至水下50米处。它的身体呈棕绿色，覆有浅色斑点，腹背处略凹，腹部长。它通过10只胸足来实现移动：前胸足进行拖动，后胸足进行推动。其腹足不用于移动，而用来保存受精卵。

尽管外形粗壮坚实，欧洲海螯虾在遇到危险时还是可以迅速逃离的，然而，它习惯于慢慢移动。它在夜晚尤其活跃，白天则躲在岩礁中，只伸出触须和螯爪。它的螯爪硕大而结实，其中一只略大于另一只。

雌性欧洲海螯虾在出生6年后才具备繁殖能力，最初每次只能产卵几千枚，体型更大时可产卵10万枚以上。其幼体在海水中浮游几个月，经历数次蜕皮后开始在海底生活。

欧洲海螯虾具有两只略微不同的螯爪，功能也不相同：较小的螯爪用来抓住猎物，较大的螯爪用来碾碎软体动物的贝壳和甲壳纲动物的外壳。

精致的味道，好斗的天性

虽然捕捞量不及美洲海螯虾，但欧洲海螯虾仍因其上乘的肉质和精致的味道被认为是更加珍贵的品种。对欧洲海螯虾的捕捞主要以章鱼或墨鱼块作饵，并使用专门的筒式渔网来进行。有意思的是，其天性好斗且领地意识强烈，因此人工养殖的尝试都以失败告终。

欧洲螯虾
Astacus astacus

目:	十足目
科:	螯虾科
体长:	12~16厘米
分布:	欧洲

欧洲螯虾分布于欧洲大陆的湖泊与河流中，是最常见的螯虾；在意大利，只有弗留利-威尼斯朱利亚大区的东部有它的足迹。它的体型粗壮结实，头胸甲覆盖整个身体并延伸至头部形成额剑；颜色从灰绿色到棕色不一；宽大的钳爪（3~6厘米长）下方呈微红色。它在夜间活动，白天喜欢藏在石头下面、河岸周围的树根之间，或藏在河底洞穴中；以昆虫幼虫、水生昆虫、软体动物为食，有时也吃动物尸体。

其繁殖期在10~11月开始；雌性将受精卵保存在附肢上直至孵化（5个月左右）。和所有的螯虾一样，欧洲螯虾也不经历幼体阶段，刚孵出的幼体已经具备成体的外形特征。欧洲螯虾难以在污染的水域中生存，因此它是检验湖泊和河流水质的重要指示物种。

更换外壳

螯虾具有一个有外骨骼功能的甲壳，当遇到危险时，尤其是来自捕食者的危险，甲壳可以起到保护作用。生长发育造成了个体体型的变化，导致坚硬的外壳无法继续容纳身体，因此和其他甲壳纲动物一样，螯虾也会经历阶段性蜕皮。每当甲壳过小时，它们就会将甲壳蜕去，经过几周的时间又长出一个更大的新甲壳。处于过渡时期的螯虾非常脆弱，因为没有甲壳的保护，柔软的身体就完全暴露在外界环境中。为了安全度过这个危险的时期，它们会中断一切活动，藏在水底的隐蔽处。

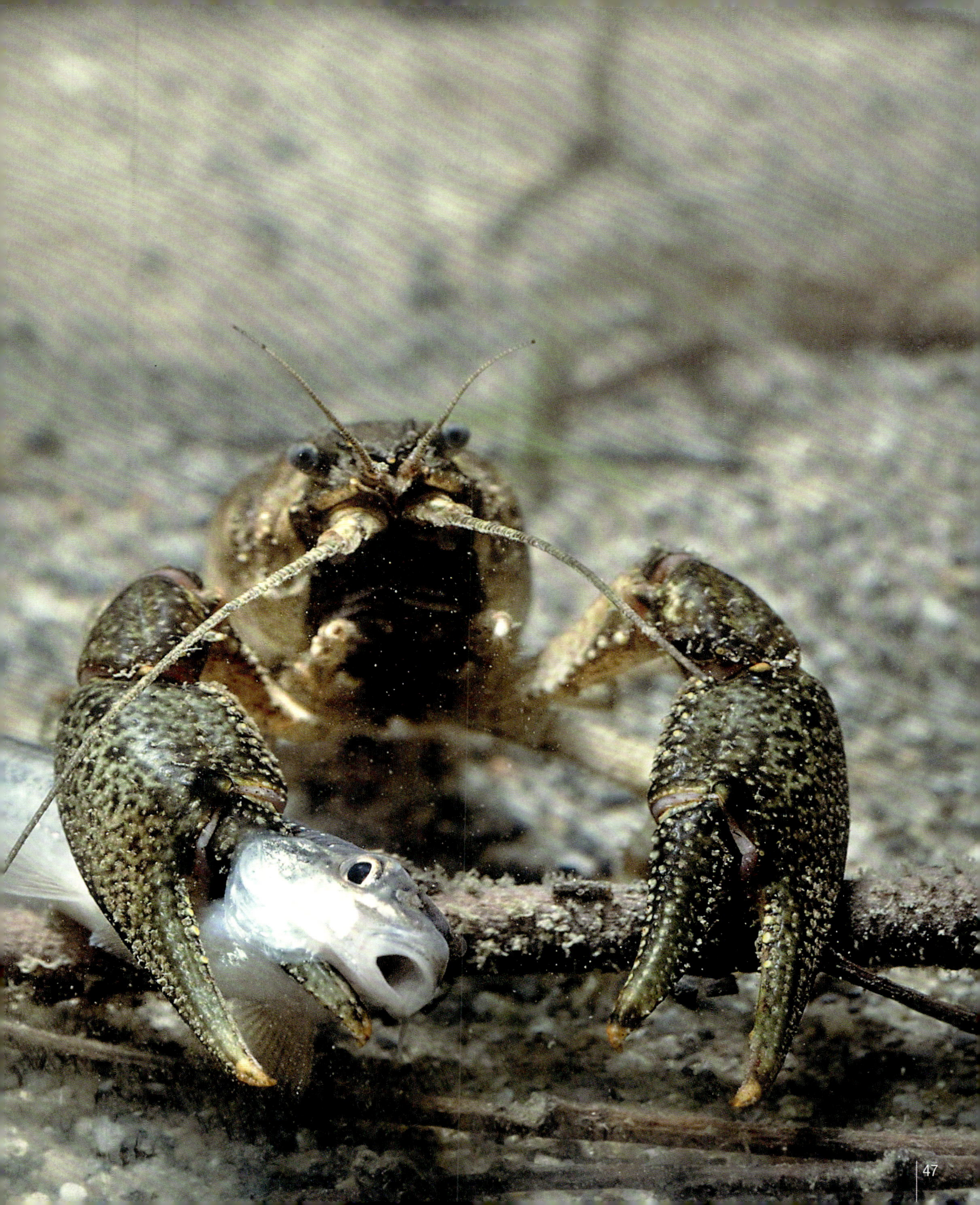

克氏原螯虾
Procambarus clarkii

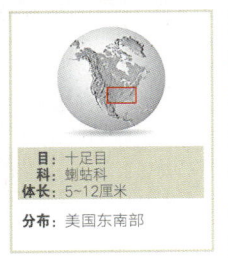

目	十足目
科	蝲蛄科
体长	5~12厘米
分布	美国东南部

克氏原螯虾原产于美国东南部的河流和沼泽环境中，因贸易需求被引进至各大洲。其特有的棕红配色辨识度很高；新生的克氏原螯虾略呈绿色，与河螯虾较相似。不同于欧洲螯虾的是，其瘦长的钳爪底部有一根刺。另外，与其他螯虾相反的是，雌性克氏原螯虾的个头比雄性大。

在绝大多数时间里它都在挖洞觅食食物鱼卵、两栖动物和水生昆虫，以获取热量。在蜕皮期间，它会中断一切活动，躲在自己挖掘的深洞之中。

类似的物种有类螯虾，分布在北美洲。

卡拉斯对虾
Penaeus kerathurus

目	十足目
科	对虾科
体长	15~25厘米
分布	地中海

卡拉斯对虾也称海螯虾，生活在地中海沿岸的沙质、泥质海床，在距海面5~50米的范围内活动。它的头部有齿状长形额剑；与锯齿长臂虾类似，身体两侧紧压；其长触须对振动十分敏感，第一对触角具备嗅觉功能。它的身体略呈白色，近似粉色或灰色；甲壳和腹部体节有棕色条纹。

另一个广泛分布于地中海的物种是帝王螯虾（Penaeus trisulcatus），其体长约为20厘米，特点是身体呈偏浅黄的玫瑰色，其额剑一直延伸到头胸部的中间。

淡水螯虾
Austropotamobius pallipes

目	十足目
科	螯虾科
体长	11~12厘米
分布	欧洲、美国

淡水螯虾是意大利的一个典型物种，生活于流动、清澈的河水中。它对缺氧环境和污染十分敏感，因此成为最早从内陆河消失的动物之一。目前它只存在于丘陵地区的溪流和沟渠中，生活在鹅卵石密布的水底，被一层淤泥覆盖。淡水螯虾具有粗壮的外形和坚实的甲壳，足部、腹部呈浅色，和其余呈微棕红色的部分形成鲜明的对比，因此也被称为"白足螯虾"。

淡水螯虾在石头下方或河堤隐蔽处挖掘洞穴；以水里的小蜗牛、昆虫幼虫、虫子和蝌蚪为食，也吃动物尸体。

河水螯虾
Astacus fluviatilis

目	十足目
科	螯虾科
体长	9~10厘米
分布	欧洲

河水螯虾生活在欧洲的河流和湖泊中，喜爱淤泥河床或水草茂盛的地方。它具有螯虾典型的外形特征，腹部由中间至两侧渐窄，头胸甲坚实，钳爪十分发达；一般呈灰色、浅绿色或棕色。它习惯夜间活动，天性孤僻好斗；主要食物是动物的有机碎屑。受精卵黏附于雌性螯虾的附肢数月，不经历幼体阶段，刚孵出的幼体的体型构造与成体基本相同。

红螯虾
Aristeomorpha foliacea

目	十足目
科	对虾科
体长	18~20厘米
分布	地中海

红螯虾生活在地中海的淤泥海床上，在海面以下200~1000米范围内活动，因其甲壳呈血红色而得名。它的甲壳上带有棘刺并延伸至头部形成额剑，柄眼位于额剑下方；最后一个腹部体节与扇形尾部相连；两条触须的长度是体长的两倍。红螯虾主要以有机植物和海洋无脊椎动物的尸体为食。

土耳其螯虾
Astacus leptodactylus

目	十足目
科	螯虾科
体长	25~30厘米
分布	欧洲（黑海）

土耳其螯虾分布于欧洲的黑海，因贸易需求出口至其他国家，如意大利。它呈浅灰褐色，两只钳爪内部边缘光滑，头胸甲一直延伸至头部形成额剑，额剑的尖端锋利并突起。

类似的物种还有巨石螯虾，生活在欧洲大陆的淡水中。

淡水螯虾，这种体格坚实的甲壳纲动物天性好斗，这一特征在保卫自己的领地和与"情敌"竞争时得以充分体现。因此，其螯爪和附肢残缺不全的情况并不少见。

聚焦

海中浮沉
甲壳纲动物的迁移

和很多陆地动物一样，海洋动物在本能的驱动下也会进行周期性迁移：从大型动物（如蓝鲸）到小型桡足亚纲动物和浮游生物。它们的迁徙可以是纵向移动，从深海区域移向海面抑或反向；也可以是横向移动，从沿海或海上某个区域水平移向另一个区域。近年来，由于全球气候变化，海洋动物的迁移频率和时间也发生了改变，这是一个不容小觑的报警信号。

棘刺龙虾的队列

成体棘刺龙虾生活在离海岸不远且食物充足的浅水地带，会因产卵需要而迁至深海区域；幼体棘刺龙虾在深海活动一段时间后潜至海底，再逐渐从深海区域向浅海区域迁移，并在浅海区域发育成熟。尤其是在热带海域，海洋生物学家常观察到多个由50只以上（甚至达到100只，雌雄都有）棘刺龙虾组成的队列，它们在海床上夜以继日地前行，向深海进发，能够行进200千米的距离。在迁移时，它们会一只接一只紧密排列，前者的尾部覆盖后者的背部，形成一种"千足"保护结构，以便抵御外敌的袭击。近年来，北卡罗来纳大学的拉里·鲍尔斯和肯尼斯·洛曼研究发现，棘刺龙虾是唯一能够通过地球磁场来判断方向的海洋无脊椎动物。

桡足亚纲动物

很多种类的桡足亚纲动物都会根据光线的强弱进行纵向迁移。白天即将结束时光线微弱，它们会渐渐浮向水面，待黎明到来时它们再次潜入水下。一般情况下，它们的移动范围为水下100~200米。对此，研究者给出了不同的解释：因为在白天，桡足亚纲动物很容易成为捕食者的猎物；或者，白天水面的水流湍急，可能将它们带到非常遥远的地方，而那里的环境不适宜生存。

很多桡足亚纲动物除每天根据光线的强弱进行纵向迁移外，还会根据繁殖周期进行季节性横向迁移。这点非常重要，因为这决定了以它们为食的鱼类的迁移活动。

圣诞岛红蟹

圣诞岛位于澳大利亚西北方向的印度洋上，每年圣诞岛红蟹都会在10～11月进行一次不可思议的迁移活动，自然学家大卫·阿滕伯勒称之为"整个动物界最壮观的迁移"。圣诞岛红蟹因其外壳呈红色而得名，事实上，根据其分布的岛屿不同，这种蟹的颜色呈紫色、红色、褐色不一。它不仅分布在圣诞岛，也生活在澳大利亚周围的岛屿和古巴。从几千年前起，圣诞岛红蟹就离开了海洋环境，开始生活在温暖潮湿的热带雨林中。圣诞岛红蟹于6～7月在灌木丛中进行交配，雌性将受精卵保存在身体上直到即将孵出幼体，然后成群前往海水中产卵。然而，它们必须呼吸空气而无法在水中生存，因此必须和潮汐保持同样的节奏，在落潮时迅速产卵，这样可以将成熟的受精卵留在海水中，同时防止自己被卷入海水而无法返回。幼体一进入海水就开始生长发育，它们的早期阶段都在海水中度过。大约两个月后，新生的小蟹从大海走上和母亲来时相反的路，返回热带雨林。

磷虾的纵向迁移

深海虾，也就是生活在深海中、在自由海域游动的磷虾，也因其群体迁移活动而备受关注。这类小型甲壳纲动物随着日夜的交替，从100～800米的深海纵向迁移到海面，如此循环往复。光线是引起迁移行为的因素，不同种类的动物对光线有不同的反应，有的动物会被光线吸引，有的动物则排斥光线，因此日出和日落时它们会分别朝不同的方向游去。

迁移方式、迁移时间、迁移原因

种类	方式	时间	原因
红蟹	 横向	季节性	繁殖
龙虾	 横向	季节性	繁殖（很可能）
磷虾	 纵向	每天	光线
桡足亚纲动物	 横向和纵向	每天	光线

棘刺龙虾
Palinurus vulgaris

目：	十足目
科：	龙虾科
体长：	40~45厘米
分布：	大西洋，地中海

棘刺龙虾分布在大西洋东岸（从大不列颠岛到亚速尔群岛）的沿海礁石区域，以及地中海海域，喜爱水位较浅的沿海地带；一般在水下约50米处活动，也可潜至水下数百米深处。其特征有以下几点：头胸甲有许多棘刺，呈棕色和紫色；足部偏红色；触须十分明显，其长度大于整个身体的长度。

棘刺龙虾主要在夜间活动，以腹足纲和瓣鳃纲动物为食，也吃残余的动物尸体。和其他十足目动物不同的是，棘刺龙虾没有刚劲有力的螯爪来猎取食物。它在春天即将结束的时候进入交配期；受精卵呈淡红色，不会被放置在自然环境中，而是附着于雌性的腹部。孵化出的幼体呈扁平透明状，用四对细长的足在水中浮游，经历十几次蜕皮后进入成体阶段。

同属于龙虾科的还有但象龙虾（如右图所示），它的前额处的两根棘刺形成一个"V"字。

女王的故事

龙虾因其肉质鲜美而得到广泛的好评，被看作餐桌上的"女王"，在古代就备受关注，古罗马人称之为"locusta"，视它为一种精美的食物；但当时人们认为它难以消化，因此在烹饪时会将龙虾放入水和醋中使之易于消化。中世纪时期，龙虾被看作异端邪教的象征，因为基督教认为异端邪教会造成社会的不稳定，就像龙虾迁移时的特点。

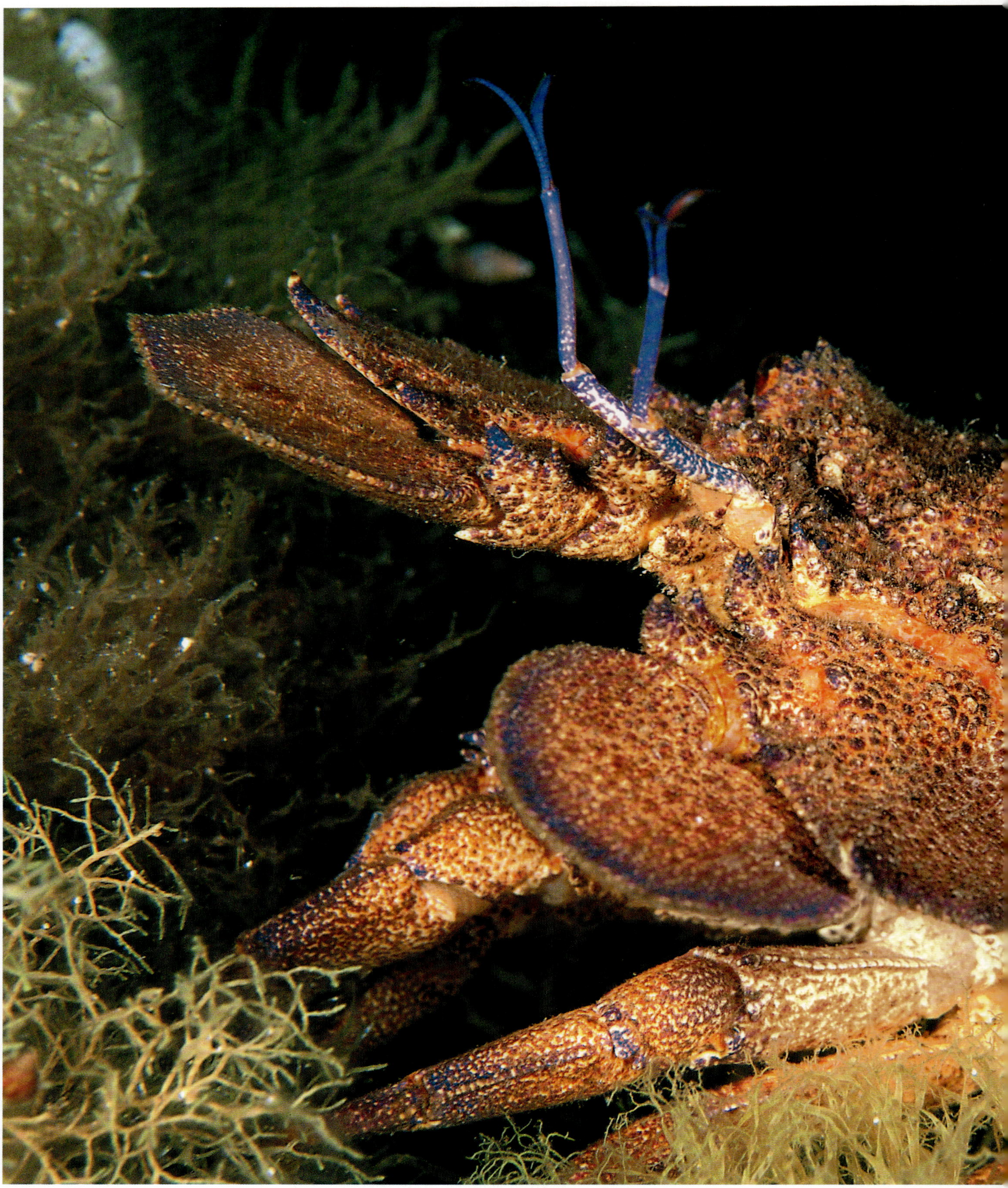

蝉虾
Scyllarides

蝉虾属于蝉虾科，也称海知了，分布在大西洋和地中海，生活于水下约100米深处的岩礁或珊瑚礁中。它的身体庞大扁平，触须宽而扁平，锋利的附肢用于防御捕食者（包括人类，因其肉质鲜美而不断捕捞）。独特的红褐色或灰棕色身体能使它完美地隐藏于泥质海床和礁石中。破卵后的幼体形态与棘刺龙虾类似，呈扁平透明状。

最具代表性的物种之一是地中海拖鞋龙虾（如左图所示），它是地中海中个头最大的甲壳纲动物之一，体长可达45厘米，体重超过2千克。同科的物种还有西班牙蝉虾和鳞突拟扇虾。

目：十足目
科：蝉虾科
体长：35~45厘米
分布：大西洋，地中海

绿龙虾
Panulirus regius

绿龙虾分布在大西洋东岸和地中海西岸，喜爱水下5~15米深处的岩礁和沙砾区域，也有一部分能潜至水下40米。绿龙虾无螯爪，尾部呈扇形。不同于一般的龙虾，绿龙虾全身呈浅绿色，身体后半部分覆盖横向白色条纹。它以群居方式生活，习惯于静止不动；以浮游生物、海藻、其他甲壳纲动物和小型鱼类为食。与它类似的是眼斑龙虾。

目：十足目
科：龙虾科
体长：20~25厘米
分布：大西洋东岸，地中海西岸

琵琶虾
Scyllarus

琵琶虾又称瞌睡虾，其外观与蝉虾类似，但体型略小，分布在地中海和大西洋东岸水下5~50米深处。它身体坚实，头部呈长方形，无附肢和钳爪。它的独特之处在于其触须上的刺状结构及红褐色的身体，可以在海底将自己完美地伪装起来。当它从海中爬出时，会发出像蝉的叫声，因此和蝉虾一起被称为海知了。

目：十足目
科：蝉虾科
体长：5~15厘米
分布：地中海，大西洋东岸

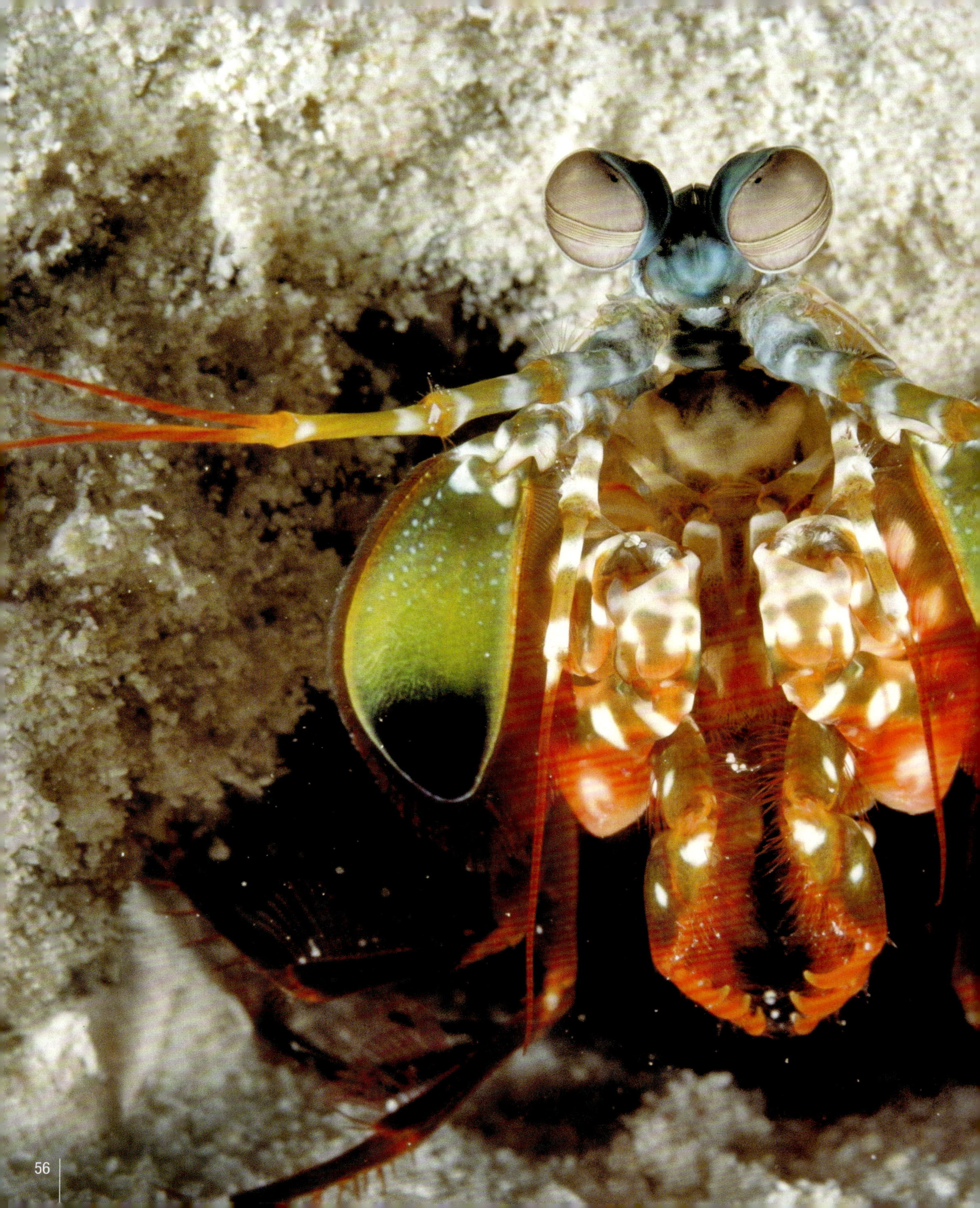

蝉虾科动物的颜色和触角构造（有刺状结构）有着与众不同的特点。左图中是一只隐藏在沙洞中的琵琶虾，其外壳鲜艳明亮。

贝纳多寄居蟹
Eupagurus bernhardus

目	十足目
科	寄居蟹科
体长	3~4厘米
分布	地中海，大西洋

贝纳多寄生蟹也被称为"隐居者贝纳多"，分布在地中海和大西洋，主要在北美洲和欧洲海岸附近；生活于距水面约80米处的礁石和沙质海床上。它是地中海中体型最大的寄居蟹之一，不具备甲壳纲动物的典型外壳；柔软肥硕的腹部呈橙红色，形状不对称，和它所寄住的螺壳一样呈螺旋形弯曲：寄居蟹的特点是将自己缺乏保护的身体躲避在腹足纲动物的螺壳中。其腹肢只存在于身体最末端，呈钩状，这样就可以使它紧紧地附着在螺壳内部。它的前足肥硕且不对称，在躲避侵袭时用于堵住螺壳的开口，可以几乎将自己完全密封起来。

一般情况下，海葵或海绵是寄居蟹的共生体，它们覆盖在螺壳的表面，有时几乎能将螺壳完全包裹起来。贝纳多寄居蟹属肉食性动物，但并不挑剔，鱼类残尸、软体动物、小龙虾及很多其他动物都是它的食物。

多种多样的寄居蟹

除贝纳多寄居蟹外，还有很多种寄居蟹生活在地中海中，尤其是在意大利周围的海域。沿着浅海岸边（有时只有2米深）可以看见南爪寄居蟹，其特征是左钳爪比右钳爪发达。在海底可以看见彩色的长眼寄居蟹，它具有红色的触须和蓝色的长眼睛；可以和它生活在一起的是小型隐士寄居蟹，这种寄居蟹被淡黄色外壳包裹着，外壳被红色和深蓝色点缀。其他寄居蟹还有装饰硬壳寄居蟹和烈性寄居蟹。

59

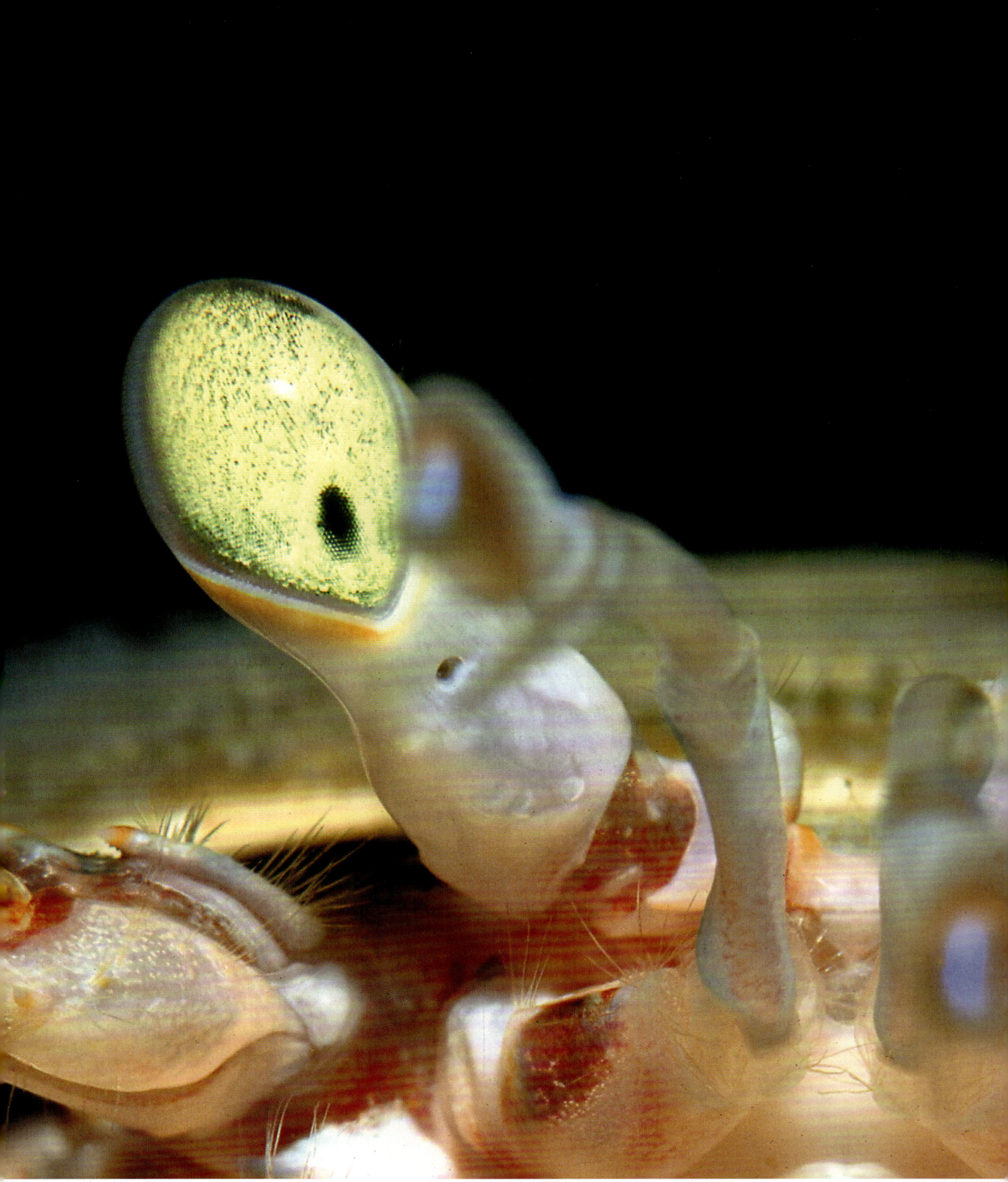

贝纳多寄居蟹的大特写。与潜望镜相似的柄眼给这种生活在大西洋和地中海的十足目动物增添了"好奇"的外表。

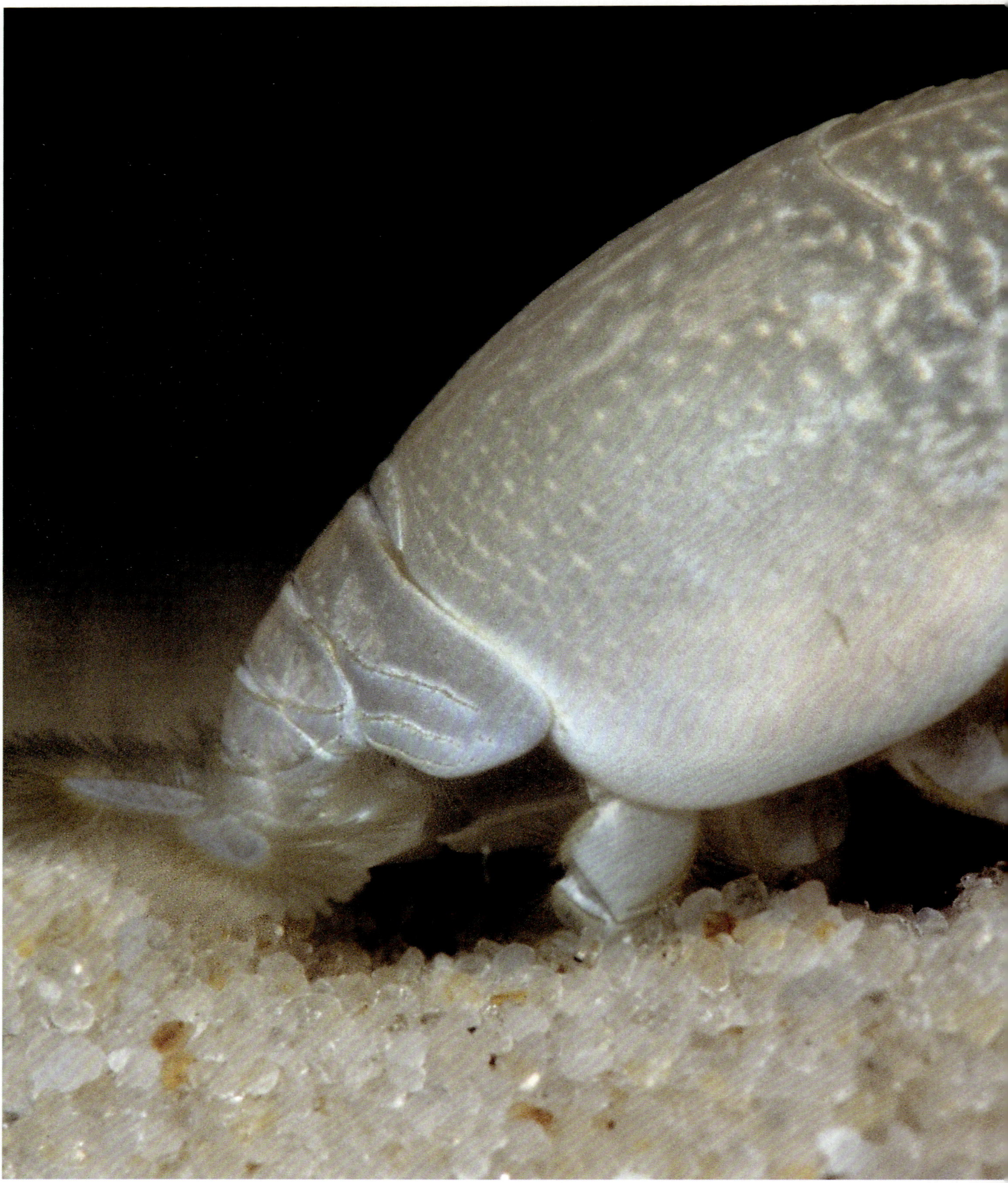

沙蟹
Emerita

目	十足目
科	蝉蟹科
体长	1.5~3厘米
分布	大西洋西北岸

沙蟹，或称鼠蝉蟹，是鼠蝉蟹属和其他类似的蝉蟹科动物中最有名的代表，这些名字源于这种十足目动物独特的天性——会用腹肢飞快地在沙子中挖洞。它生活在大西洋西北岸广阔沙滩上有海浪的区域，在一波波海浪的间隙中迅速挖洞，直到将自己全部埋进沙子，只露出触角部分。其触角形如羽毛，可以过滤出退潮后留下的浮游生物和有机碎屑。

特异海蛄虾
Thalassina anomala

目	十足目
科	海蛄虾科
体长	16~25厘米
分布	印度洋沿岸，太平洋西岸

特异海蛄虾生活在印度洋和太平洋西岸沿海地区的红树林沼泽地带。其头胸甲覆盖身体不到三分之一的长度，向头部延伸形成一个小型三角形额剑；两只钳爪呈不对称状。其颜色从浅褐色到深褐色、褐绿色不一。特异海蛄虾用腹肢挖出2米深的坑洞，这就是它的巢穴，因此也是被统称为海鼹鼠的甲壳纲动物之一。它白天留在洞穴中，并用淤泥堵住洞口；夜晚十分活跃，寻觅食物。为了寻找有机碎屑为食，它需要过滤大量淤泥，在这个过程中堆积起来的淤泥仿佛一座约3米高的小火山。

63

左图：加勒比龙虾。
右上图：附着在海参上的帝王虾。
右中图：附着在海绵上的小龙虾。
右下图：附着在海葵上的佩德森岩虾。

65

聚焦

借来的螺壳
机智的寄居蟹

很多人都有过在海岸边捡拾"小蜗牛"的经历。它们乍一看是一个空壳,其实是属于腹足纲的软体动物,被惊扰后它们会往螺壳内缩得更深。偶尔能碰巧看到它们从螺口处探出头来,甚至可以看到它们蜗牛般柔软的身体、灵活的柄眼、小爪及刚劲的钳爪,那就一定是寄居蟹,它们选择了被抛弃的螺壳作为居所。

以螺壳为家

寄居蟹(其中最出名的是贝纳多寄居蟹,又称隐居士贝纳多)和普通螃蟹有着相近的种系。其腹部柔软肥硕且缺乏防御能力,因此在其演化过程中不得不寻找坚硬结实的外壳来保护自己。渐渐地,它们就将目标转移到腹足纲动物留下的空壳上,藏身于这种可移动的"防护罩"中。它们的生存也和螺壳的可获得性密不可分。

带刺的"居室"

与海葵属动物(或称海葵)共生是寄居蟹通常的生存特点。对很多寄居蟹而言,仅仅靠软体动物螺壳的保护是不够的,因此会有一只或多只海葵覆盖在螺壳表面并与之共生。海葵属于刺胞动物,自然不会有人冒险去触碰一只被保护得如此完备的寄居蟹;而海葵以寄居蟹掉落在水中的食物残渣为食,同样获得了益处。当寄居蟹更换居所时,还得操心其共生海葵的迁移,因为海葵已经习惯于紧紧依附在原先的螺壳上,于是为了能成功迁入"新居",寄居蟹往往会用自己的钳爪轻轻地去挠海葵。

是时候搬家了

当一只寄居蟹的身体长大到无法在螺壳中自由活动时，它会开始寻找另一只螺壳，但依然保留着原先的那只。于是它开始仔细检查碰到的每一只空螺壳，先用眼睛审视一下螺壳的外形，再用触角探一探，然后将一只钳爪伸进螺壳的开口。

只有合适的螺壳才能通过"检验"，寄居蟹会钻入其中。在这场新家的寻觅过程中不乏争斗：事实上，可能会发生两只寄居蟹争夺同一只空螺壳的现象，或者一只寄居蟹想要夺过另一只寄居蟹的螺壳。在第一种情况下，一般是原先拥有更大螺壳的寄居蟹获胜。

更独特的藏身之处

一些寄居蟹选择海绵幼体作为藏身之处，这些小型海绵会依附在螺壳表面并继续生长，直到将其完全包裹。寄居蟹只有不断来回通过才能留下一个可自由进出的开口，从而在海绵的紧密结构中形成一条真正的"隧道"。一旦螺壳不够大，寄居蟹就会开始在海绵的身体内生长，渐渐地，海绵就成了它的新家。

图中的巴古丽塔寄居蟹正从它们的"居所"中探出头来。

清道夫同居者

尽管有着"隐居士"的绰号，贝纳多寄居蟹所寄居的螺壳中却经常会有另一个共生体，它是一种多毛纲海虫，定居在螺壳内的最尖端。这种海虫以寄居蟹的食物碎屑为食，同时也为维持居住环境的卫生做贡献。这样的共生关系对两种动物都有益，每当寄居蟹"搬家"时，都会带上它的"同居者"。

绝大部分身体被保护在一个坚实的螺壳内使得寄居蟹在脱离水的环境中也可以短暂存活。在这种情况下，螺壳对寄居蟹起到保持湿度的作用，尤其可以避免其脆弱的呼吸器官干竭。

67

毛绒关公蟹
Dorippe lanata

目：十足目
科：关公蟹科
体长：1.5~2.5厘米
分布：地中海，大西洋东岸

毛绒关公蟹经常生活在地中海和大西洋东岸的海底。和所有的蟹一样，其身体的绝大部分由硕大的头胸部构成，被一块宽大的头胸甲保护着；腹部薄而短小，完全朝着胸部腹侧表面弯曲，主要用来放置受精卵。它最靠近头部的附肢有两只有力的钳爪，可用于抓住猎物、保护自己及制造盛大的场面来征服雌性。毛绒关公蟹可以将触角和眼睛收缩至头胸甲的特定位置。其甲壳被浓密的红棕色绒毛覆盖。

为了把自己伪装起来，毛绒关公蟹通常会肩负海鞘类动物、鱼类或死蟹。它天性好斗，尤其是雄性，在繁殖期更甚。在幼体阶段，它具有大复眼和长额剑，其后紧接着身体，和成体十分相似。

方形沙蟹（沙蟹科）是生活在美国东南部沙滩的一种蟹。

蟹：种类繁多！

"蟹"这个通用名称是指所有鳃尾亚纲动物，其特征是拥有坚硬的头胸甲、有力的钳爪、一对复眼及合拢在头胸甲下方的腹部。其神经系统位于身体的中心，这增强了它们的动作协调性。常见于地中海沿岸的种类是疾走蟹（Pachygrapsus marmoratus），体长3~4厘米，呈灰色或近似绿色，一旦有任何危险的征兆，它就会迅速逃入位于礁石间的藏身处，因此而得名。还有一种非常出名的（尤其是从商业的角度来看）意大利产的蟹，即普通黄道蟹，其身体庞大而厚实（体长为6~7厘米），略呈红色，钳爪十分刚劲有力。

沙蟹以"幽灵蟹"的名字被人熟知,因为其移动速度极快。在跑动时,它的身体部分抬起,不接触地面,因此移动速度飞快,给人瞬间消失的印象。
图中所示为方形沙蟹。

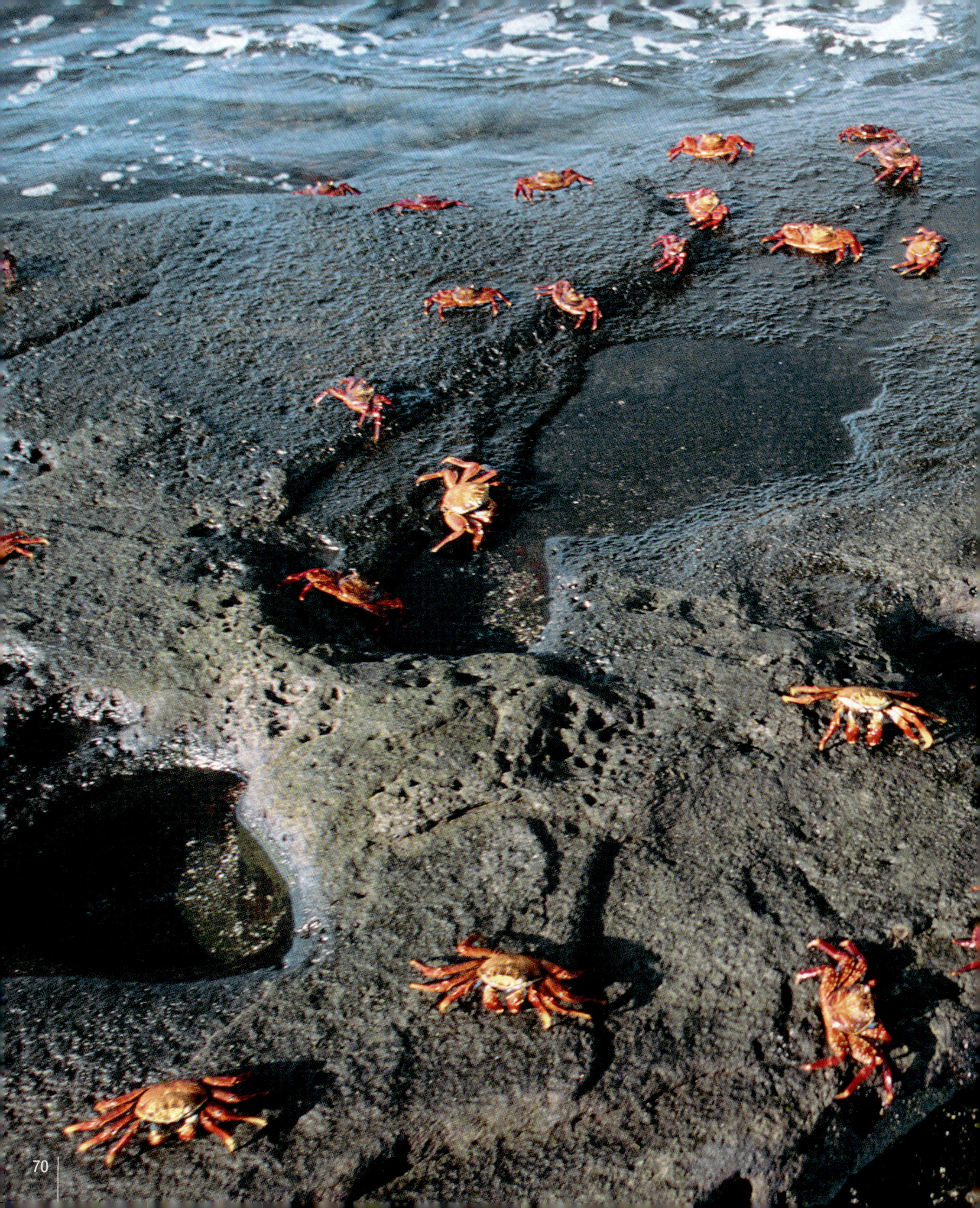

红石蟹（Grapsus grapsus）。达尔文在乘坐贝格尔号航行时，目睹了加拉帕戈斯群岛的众多奇观，由红石蟹构成的场景便是其中之一。

滨蟹
Carcinus maenas

目	十足目
科	梭子蟹科
体长	4.5~5.5厘米
分布	温带和热带区域

滨蟹常见于欧洲、北美洲、南美洲和红海的沙质海岸，尤其是富含有机物的地方。实际上，在整个温带和热带区域都有它的踪迹。和其他梭子蟹不同，滨蟹的特点是第五胸肢无较宽的铲状结构，因此它并不擅长游泳。其背部呈近似绿色；而腹部的颜色浅一些，但根据不同的蜕皮周期颜色会有变化，有时呈橙黄色，有时呈红色；腹部有接近黄色的斑点。滨蟹通常在浅海海底活动，偶尔离开海底在海中游一小段；也会跟随潮汐的节奏移动至海岸边，或者隐藏在沙子下方及石子、植被间。当它察觉到危险时就会举起钳爪。它以瓣鳃纲动物和小型甲壳纲动物为食，大多在夜间捕猎。

椰子蟹
Birgus latro

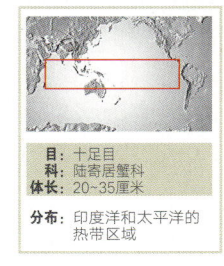

目	十足目
科	陆寄居蟹科
体长	20~35厘米
分布	印度洋和太平洋的热带区域

椰子蟹是一种陆生动物，生活在印度洋和太平洋热带区域的珊瑚礁岛屿上。它对陆地生活十分适应，鳃室位于头胸甲内，通过鳃室可以进行呼吸。但由于鳃腔中还容纳有原始的鳃，所以椰子蟹只能在水中待几小时，否则就会溺亡。

椰子蟹为了能得到椰子，会用其刚劲有力的钳爪沿着高达10~20米的椰子树灵活地攀援而上。除了椰肉，它还以动物尸体为食。尽管目光不十分敏锐，椰子蟹依然能够感知到周围动物的移动，因为它对地面的震动十分敏感。幼蟹会生活在一些陆生蜗牛的壳中，但长大一些后就会将壳抛弃。

淡水蟹
Potamon edulis

目	十足目
科	溪蟹科
体长	4~5厘米
分布	地中海东岸，小亚细亚半岛

淡水蟹（或称河蟹）分布在地中海东岸和小亚细亚半岛内陆地区的水域，生活于海拔2000米以下的河流和池塘中。其身体略呈绿色，和滨蟹类似。它属水陆两栖动物，通常居住在河岸、溪岸上所挖的洞穴中，于黄昏时分外出觅食。它的食物为有机碎屑和昆虫。淡水蟹只有繁殖期的绝大部分时间是在水中度过的。它无幼体阶段，从卵中孵出时即具备成体的构造，包括外壳、发育成熟的眼和钳爪。

普通绵蟹
Dromia vulgaris

目	十足目
科	绵蟹科
体长	7~8厘米
分布	地中海

普通绵蟹是一个典型的地中海物种，生活在水深5~10米的岩石上。这种大块头的蟹十分容易辨认，其体表覆盖有浓密的棕色绒毛，习惯于用钳爪截断海绵或海葵并将其扛在背上，因此有时也被称为搬运工螃蟹。附在其背上的海绵继续生长，但生长速度不及普通绵蟹，因此在几次蜕皮之后，普通绵蟹就会换一块更大的海绵，并按照自己的尺寸进行"裁剪"。

椰子蟹是一种体型庞大的陆生十足目动物。

它也被称作强盗蟹，这个名字源于一个奇怪的现象：它似乎会被银器或其他闪光的物体吸引，并将其带回自己的"居所"。

而幼蟹习惯将贝壳作为临时"住所"，因此得到"陆地寄居蟹"的绰号。

腼腆的庞然大物

　　巨螯蟹是地球上最古老的物种之一，被认为是活化石，其外表极具威胁感，令人局促不安，但可不要被它的外表欺骗了。巨螯蟹是一种温和而胆小的动物，经常在海底缓慢而胆怯地走动。尽管其庞大的身躯看起来无懈可击，但它在遇到捕食者时还是免不了要伪装一番：和许多其他装饰蟹一样，将各种各样的海葵置于头胸甲上，以防敌人靠近自己。

巨螯蟹
Macrocheira kaempferi

目	十足目
科	蜘蛛蟹科
体长	30~37厘米
分布	日本附近的太平洋

日本附近的太平洋深处生活着现存最大的无脊椎动物——巨螯蟹。其生活环境为150~300米深的沙质海底，有时可潜至800米深处。巨螯蟹拥有庞大的身躯，体表覆有瘤突，十条呈长管状的蟹爪紧贴身体，蟹爪末端是长而有力的爪尖。第一对蟹爪最长，具备如人手一般大的钳爪，这对钳爪除了可以稳妥地实现抓捕，还能使自己迅速跟上猎物。如果说它的身体看上去只是一般蟹的大小，那么当它张开蟹爪时则会让人大吃一惊：一只成体巨螯蟹可以轻松达到3.5~4米的长度。正因为如此，它是世界上最大的节肢动物。它的眼睛之间长有两根棘刺，幼蟹的棘刺更长一些；身体呈橙黄色，蟹爪上有白色斑点。

巨螯蟹属杂食性动物，通过其巨大的钳爪捕食动植物碎屑、鱼类和软体动物。

中华绒螯蟹
Eriocheir sinensis

目：十足目
科：方蟹科
体长：7~8厘米
分布：中国、欧洲

中华绒螯蟹原产于中国的河流和稻田中，偶然随轮船的压舱水到达欧洲，分布于通向北海的水域，并通过这里密集的水道系统一直进入中欧和北欧的河流中。雄蟹的钳爪内外缘密生柔软的绒毛，因此又被称为"戴手套的螃蟹"。它的头胸甲呈四边形，边缘有四个尖齿突。

它具有单独的充氧系统，鳃腔中的水不会滞留其中，而是流向身体表面，又分叉进入与空气密切接触的细管中；当系统充满氧气时，水流流经鳃室，为血液充氧。

夏天，雄蟹向浅海处迁移，每天大约行进十几千米的路程。雄蟹群集于浅海处等待雌蟹的到来，其密集程度保证了雌蟹有较高的受精率。幼蟹在次年5~6月孵化。

欧洲蜘蛛蟹
Maja squinado

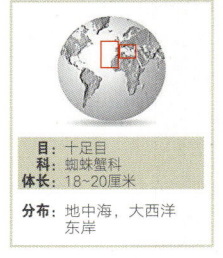

目：十足目
科：蜘蛛蟹科
体长：18~20厘米
分布：地中海、大西洋东岸

欧洲蜘蛛蟹生活于地中海和大西洋东岸（从爱尔兰到几内亚）的海底岩层中。它宽大的身体呈心形，颜色呈淡红色，甲壳边缘带刺；背部覆满小瘤突。其钳爪细长，因而可灵活移动。

和许多蟹一样，欧洲蜘蛛蟹也借助其他生物将自己在生存环境中完美隐藏起来：其头胸甲的钩形鬃毛上覆盖着一块块串联的海藻、海绵和腔肠动物，或者其他有同样作用的材料。这样的伪装使它的猎物不会怀疑，于是渐渐来到了它的钳爪边。欧洲蜘蛛蟹大多以瓣鳃纲动物、昆虫幼虫和海藻为食。

提琴手蟹
Uca

目：十足目
科：沙蟹科
体长：7~8厘米
分布：热带海域、河流

提琴手蟹属于招潮蟹属，生活于热带海域沿岸沙滩或河流的入海口。它因雄蟹钳爪的构造（和习惯）而得名：它的一只钳爪（一般是右爪）远大于另一只，其重量约为体重的一半；它在群体交往中通常会做出舞动钳爪的动作，仿佛在挥动小提琴的琴弓。提琴手蟹在海水高潮和低潮之间的沙子中筑穴，当海水退潮时外出觅食，布满整片沙滩。它收集到沙子和淤泥后，用口部一侧的附肢将其小心过滤，以获得较小的有机碎屑，这就是它的食物；其中的矿物颗粒被以小土球的形式排到体外，并被排列成几何形的队列放置在身体两侧。

石榴蟹
Calappa granulata

目：十足目
科：馒头蟹科
体长：8~9厘米
分布：地中海

石榴蟹分布于地中海30~150米深的沙质海底。其近似圆形的头胸甲呈突起状，仿佛整个身体包裹在一个球中，看起来无懈可击。它的钳爪十分发达；身体呈玫瑰红色。它习惯将自己完全藏在沙子中；当水流入鳃室时，一排浓密的硬毛可以阻挡沙子，以防堵塞鳃部。

黄道蟹常见于北欧海域，而在地中海十分罕见，其头胸甲呈扇形。

提琴手蟹的钳爪在求爱仪式中发挥着非常重要的作用，不同的种类各有差异：在完成各种活动时，其颜色会发生变化，当它越来越激动时，钳爪的颜色会逐渐苍白。

钳爪代表了雄蟹的特征，往往因争夺雌蟹而变得残缺不全。

图中是一只提琴手蟹，可以看出，这类招潮蟹除了大钳爪，还有另外两个特征：外壳色彩鲜艳、眼睛位于柄节的顶端。

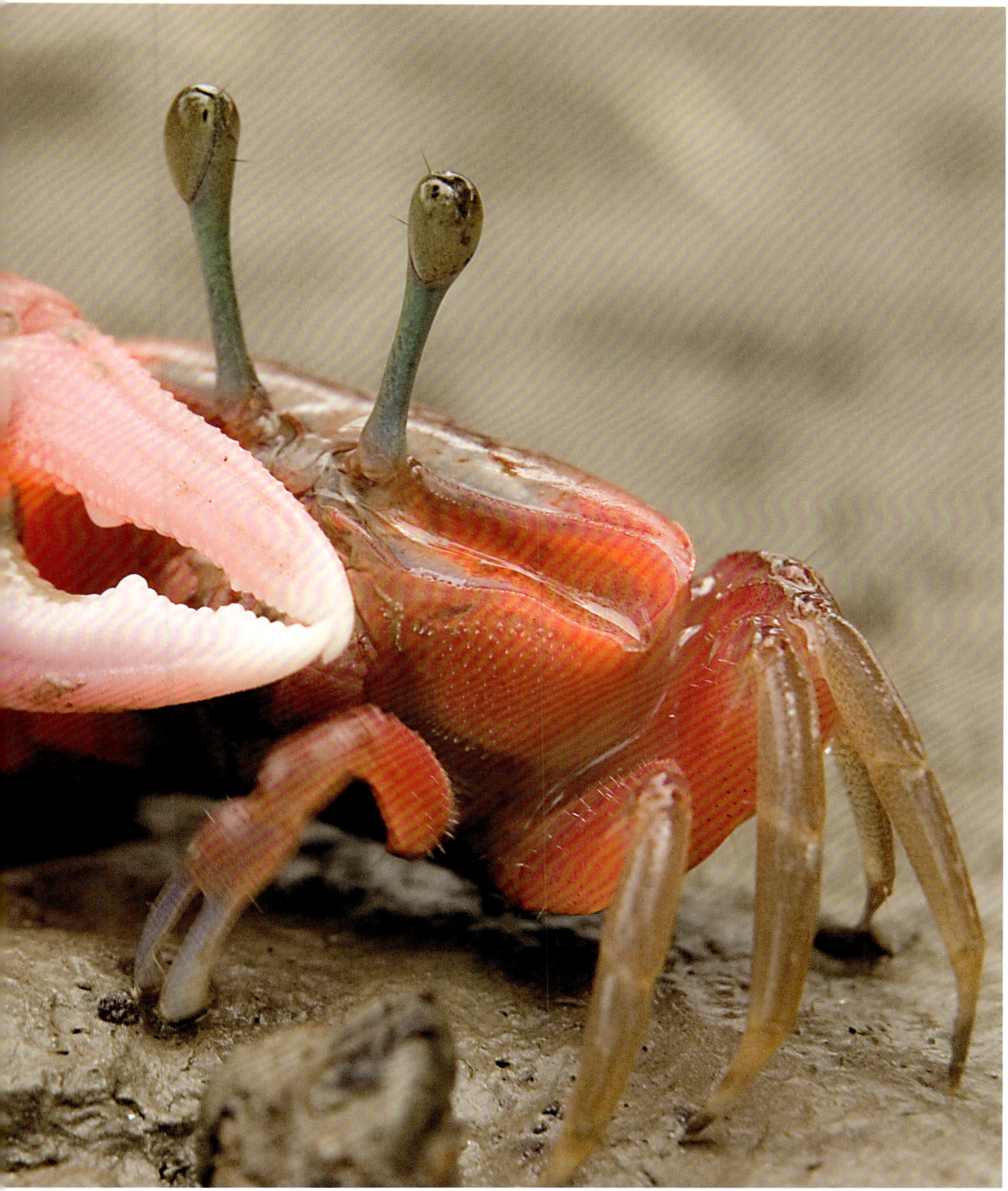

聚焦

生存的装饰
装饰蟹

所谓的装饰蟹属于蜘蛛蟹科，生活在海底礁石中（从高潮水位到水下100～200米处），极少数生活在沙质海底，大多数分布于热带海域。其蟹爪纤长，钳爪（幼蟹和雌蟹的较细）用于切开海绵、海鞘类动物、腔肠动物和其他材料，并将它们放置于背部，这样就能将自己伪装起来，不动声色地靠近、抓住鱼类和小型甲壳纲动物。这种拟态行为也能使它们躲避大型鱼类、海星、章鱼、龙虾甚至海獭等捕猎者的追捕。

蟹的策略

欧特软珊瑚蟹

为了完成独特的"装饰"，装饰蟹用其口部附肢将海绵、腔肠动物及其他材料的边缘磨得十分粗糙，并将它们串在其头胸甲的特殊钩形硬毛上。如此一来，装饰蟹就被覆盖在由混合材料构成的五颜六色的"密林"中，只能看见一团杂乱的缠结之物，而分辨不清是哪种海生生物。

这种伪装行为的目的是在猎物和捕食者面前隐身，事实上，就算被识破，捕食者也很难靠近它们，因为碰到其背上的覆盖物多少会有些刺激性，这种滋味也不好受。

无法辨认的蟹

最著名的装饰蟹之一是顿额曲毛蟹，它生活在印度洋和太平洋中。它不断地在身体和附肢上覆盖海绵块和其他颜色各异的有机体，并将它们一个接一个仔细排列。其伪装行为近乎完美，唯一有时会暴露自己的是其泪状的黑色眼睛。

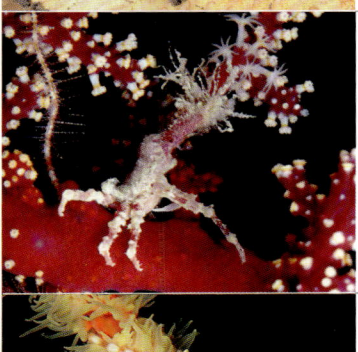

卧蜘蛛蟹是一种带有米色纹路的粉色小蟹，生活在太平洋西岸。它又被称为水螅蟹，因为它使用水螅纲动物的碎片，尤其是刺激性强的柏羽螅进行伪装。

瘤疣异蟹生活于太平洋西岸的暗礁上。其体型矮胖，背部覆盖有小刺，因经常附在鞭解珊瑚上，又被称为鞭解珊瑚蟹；通常也会附于黑角珊瑚上。

欧洲蜘蛛蟹——家的装饰者

"装饰"的习惯不是生活在热带海域的物种所独有的，欧洲蜘蛛蟹也会用伪装来获取食物。它将海藻、海绵和腔肠动物覆盖于头胸甲的硬毛上，使自己丝毫不被引起怀疑，于是慢慢地靠近猎物，最终用钳爪将它们抓获。

"装饰"行为是如何产生的

很可能装饰蟹的祖先一开始收集食物碎屑并放置于甲壳上，其后代又将吃完的食物存储在头胸甲的硬毛上，这样的习惯沿袭下来，直到现在装饰蟹将各种自然材料覆盖在身上，这一行为向其猎物和捕食者施了"障眼法"。而这样的习惯对装饰蟹的繁衍有利，使之从自然选择中获益。

装饰蟹最脆弱的时期是蜕皮阶段。当它们必须抛弃原先的甲壳时，可能会被碰巧遇见的捕食者吞食。因此，蜕皮一般在夜间进行，第二天早晨新的甲壳长出，此时装饰蟹已经准备好用原先甲壳上的材料来装饰自己。

甲壳纲

其他甲壳纲动物

虾蛄、鼠妇、丰年虫（海猴子）：一个微型世界

有时用肉眼几乎看不到这些微小的甲壳纲动物，它们几乎无处不在，不论是在海洋还是在江河湖泊中。尽管体型微小，但是它们在食物链中扮演着十分重要的角色，是许多鱼类和海鸟的食物。

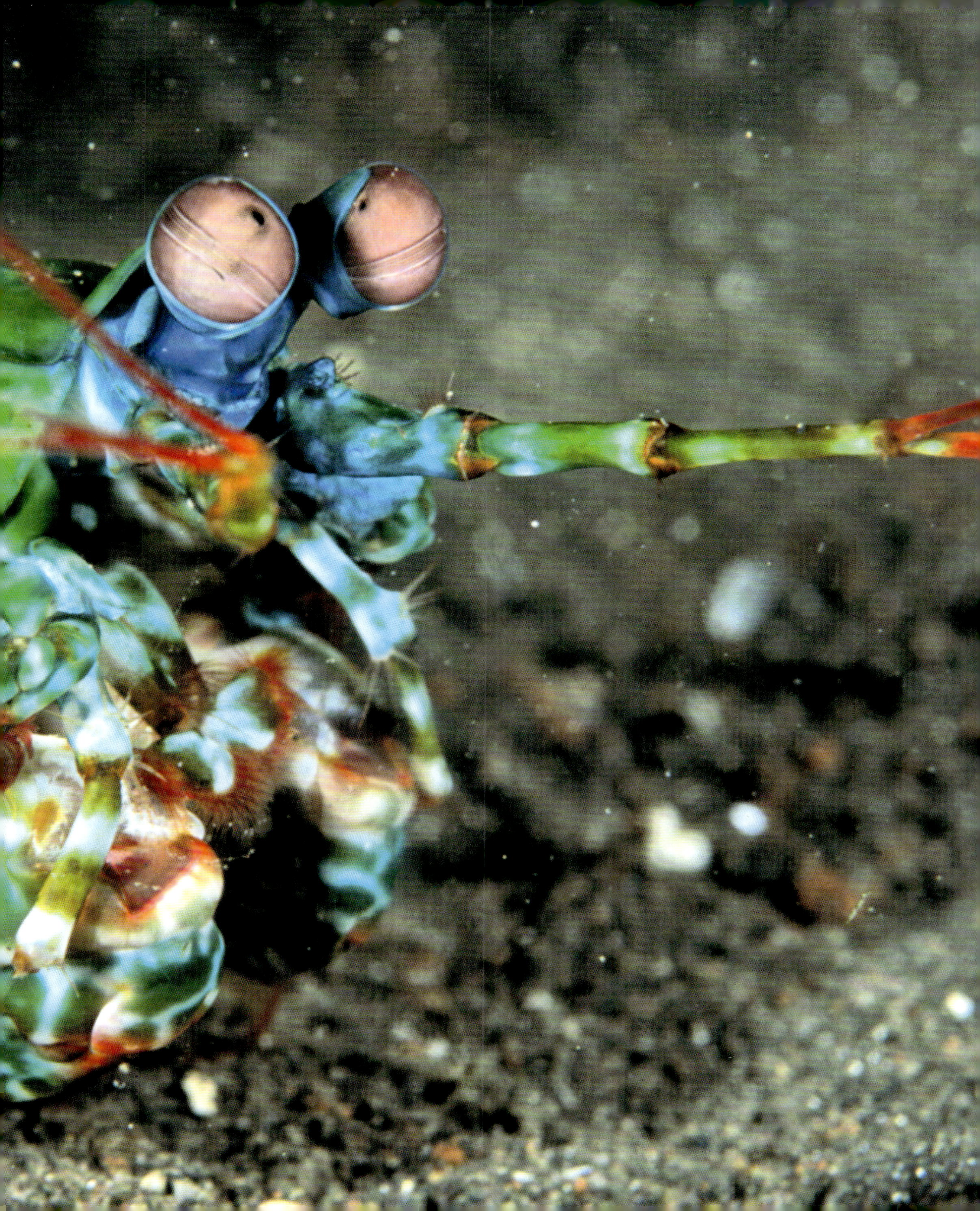

简介

大多数甲壳纲动物属于软甲亚纲（前文已经详细介绍了一部分物种），而这里描述的是湖泊和海洋里常见的海蚤和虾蛄。其他亚纲（鳃足亚纲、介形亚纲、鳃尾亚纲、蔓足亚纲、桡足亚纲）包含最小、最原始且在形态、生理特征上完全不同于软甲亚纲动物的物种。除通过尺寸外，还可以通过血液中的血红蛋白和位于颚骨而非触角底部的分泌器官的分布情况来区分它们。在这些动物中，一些物种拥有一个特别的天赋，即能够适应水外环境，因此可以在地窖或任何潮湿阴暗的地方找到它们，比如鼠妇和普通卷甲虫。

上页图片：雀尾螳螂虾；本页图片：浮游动物

85

海蚤
Talitrus saltator

目	端足目
科	击钩虾科
体长	1~1.6厘米
分布	欧洲海岸

海蚤（属于软甲亚纲）多存在于有机物中，被海水送到欧洲沿海的缓坡地带，一察觉到危险它就立刻躲进潮湿沙滩上的隐蔽处。它的身体两侧扁平并分节，体节上的附肢既能适应陆地生活（前几节）又能适应水中生活（后几节的作用类似桨，使其能在水中快速前进）。

海蚤的特点是每天在海岸和沙滩之间迁移，它能根据太阳的方位来确定方向：每个海蚤群的移动方向都是基因决定的，指向能够适合它们生活的海岸。海蚤主要以海边的腐烂水藻为食。

边缘连帽虾和截匙连帽虾只存在于北美洲沿岸的寒带水域和温带水域。

虾蛄
Squilla mantis

目	口足目
科	虾蛄科
体长	15~25厘米
分布	地中海

虾蛄（属于软甲亚纲）又被称作螳螂虾，生活在地中海泥泞的沙地深处。人们可以根据两只带刺大钳爪来辨认它，这是它用来杀死猎物的武器。这两只"钳子"休息时，好似合在一起祈祷的手臂，让人联想到螳螂（它也因此被称为螳螂虾）。虾蛄体型细长，颜色浅，反射出珍珠色泽；在尾节底部（腹部最后一节）可以看到两个深色斑点。

虾蛄主要生活于泥浆或沙子深处的洞穴里，并在那里展开对猎物的伏击。它一般以海中的无脊椎动物为食，有时也会通过迅速伸展大钳爪来捕食鱼类。雌虾蛄会把受精卵带在身上直到其孵化，通常用前胸足护住这些卵。受精卵在未成熟阶段会保持闭合，经过3个月的浮游状态生活之后从幼体转变为成体。

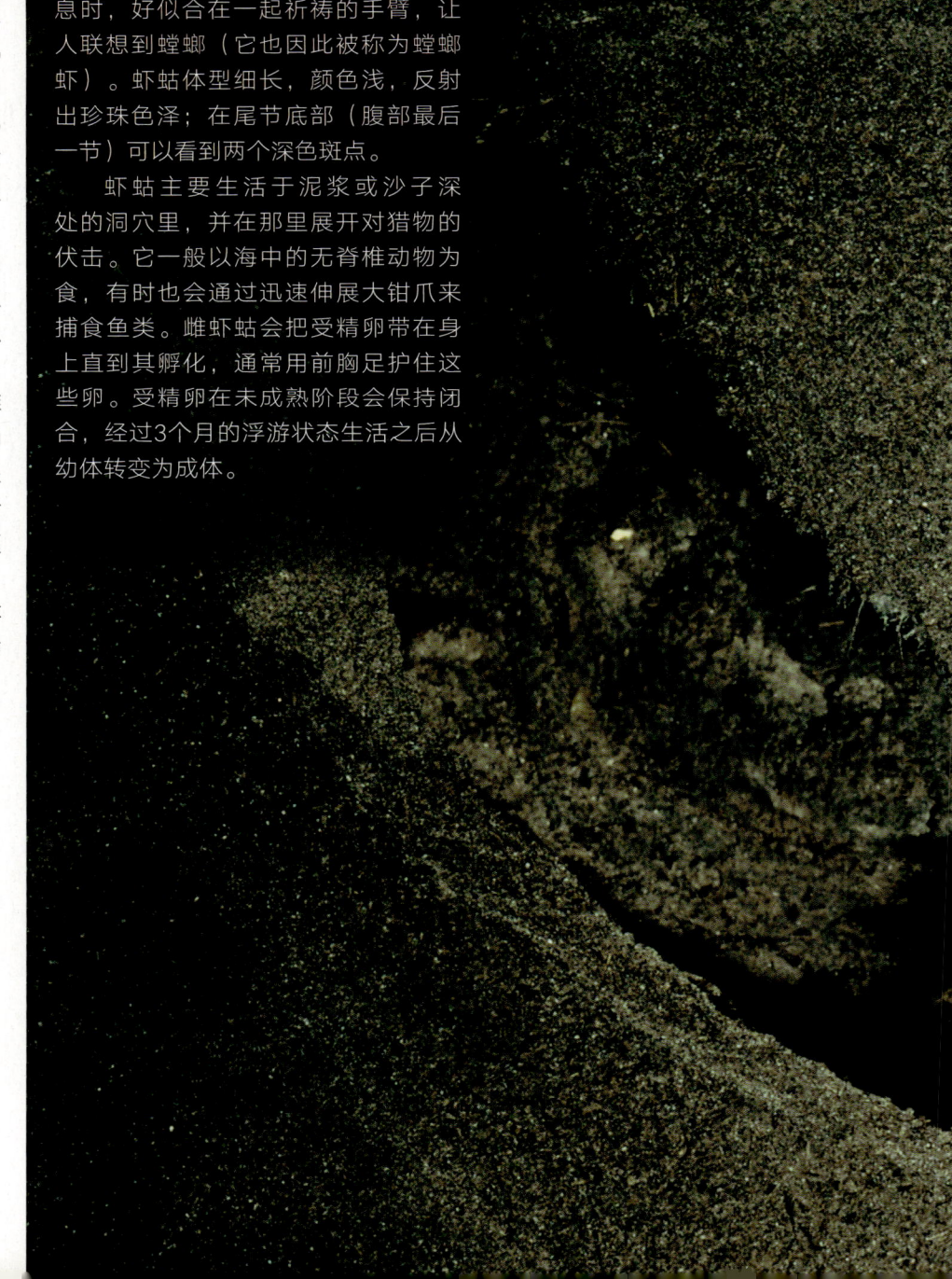

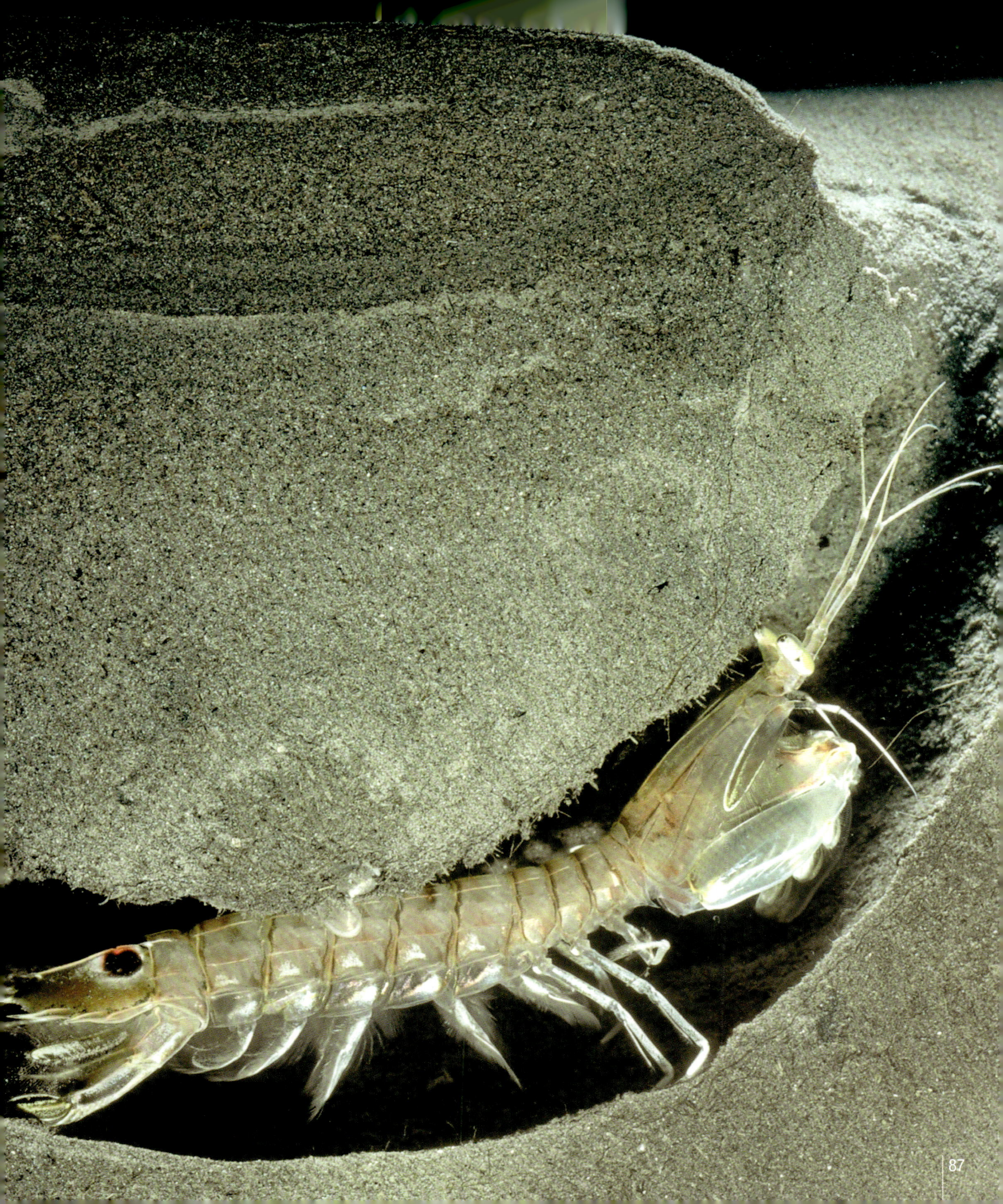

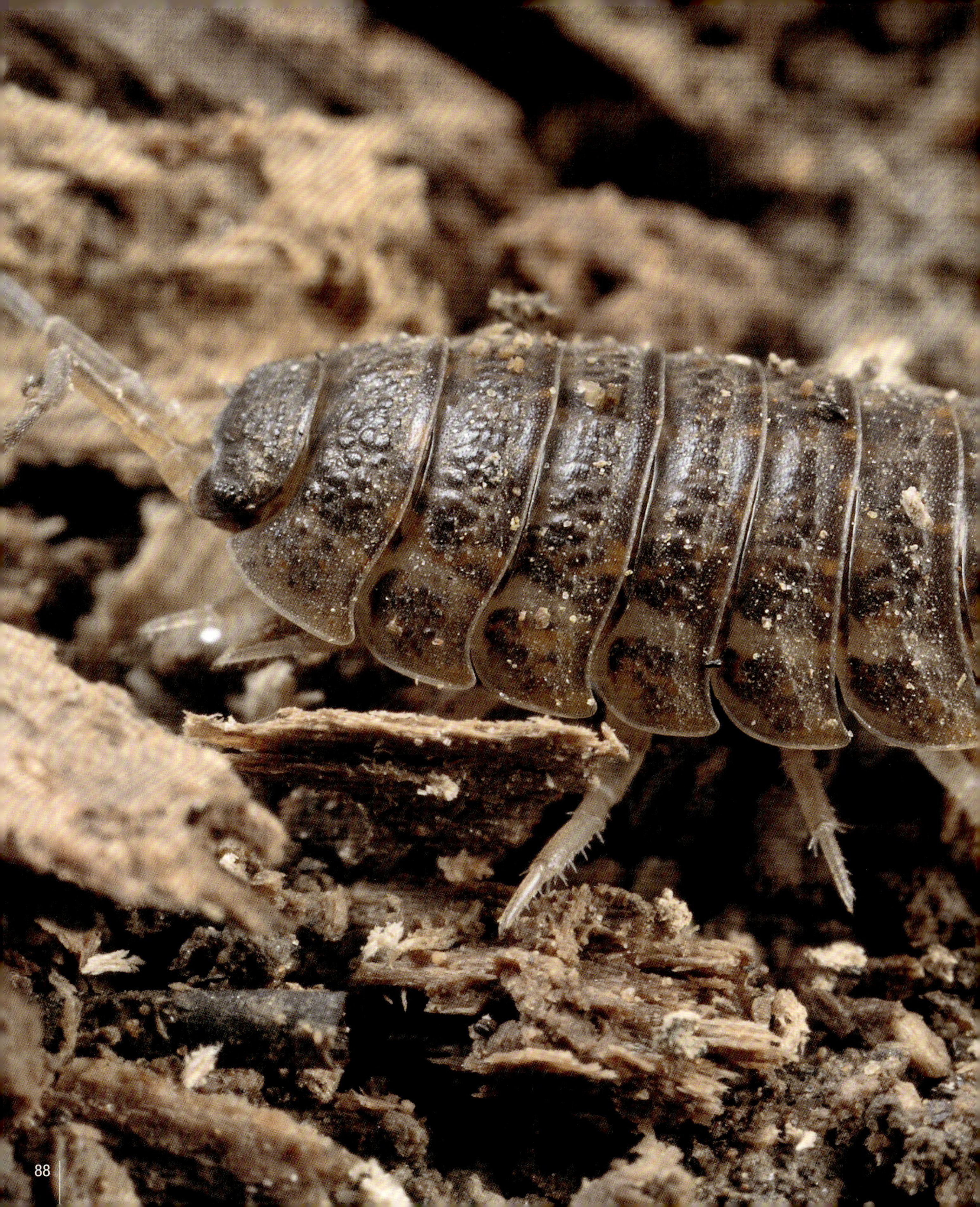

鼠妇
Oniscus

目：等足目
科：潮虫科
体长：1~2厘米
分布：欧洲

鼠妇是小型甲壳纲动物，适应脱离水生环境的生活，分布于欧洲，聚集在潮湿阴暗的地方，所以常见于地窖中。它的身体呈黑棕色，腹部扁平，拥有8对足。鼠妇一旦感觉到危险就会迅速卷成球状。这样可以保护没有甲壳的腹部，还可以避免过度排汗。鼠妇主要以腐烂的有机物为食。

外形相近的物种有光滑鼠妇，它几乎遍布全世界。

普通卷甲虫
Armadillidium vulgare

目：等足目
科：卷甲虫科
体长：1~2厘米
分布：全世界

普通卷甲虫形似鼠妇，是适应陆地生活的小型甲壳纲动物。在欧洲分布极为广泛，实际上现在已经遍布全世界。它能够卷成一个几乎完美的球体，故而得名。

普通卷甲虫喜欢潮湿背光的地方，常藏在石头下面或腐坏的树缝中。它腹部扁平，身体呈黑棕色，由外骨骼包裹着，充当甲壳的作用。卷甲虫会有两次蜕壳（先是前半部分，再是后半部分），以换上更大的甲壳来代替旧壳。卷甲虫习惯于夜晚觅食，它的食物是植物或小动物的尸体。

栉水虱
Asellus aquaticus

目：等足目
科：栉水虱亚目
体长：2~3厘米
分布：欧洲、北美洲

栉水虱是欧洲温带和北美洲常见于淡水中的一种甲壳纲动物，生活在河流和池塘中，依靠水底的石子躲藏并躲避阳光。栉水虱的身体极扁，呈浅灰色，常带点玫瑰色。

栉水虱属杂食性动物，以水底丰富的植物和有机物为食。栉水虱一年繁殖两次，春秋各一次。受精卵在腹部的育儿袋中成长，育儿袋由嵌入胸部前几个附肢的一系列薄层形成。

北美洲北部和欧洲普通淡水中的其他甲壳纲动物有孤糠虾和敏糠虾；而在北部海域生活着鞭尾虫，能够潜至水下超过1000米处。

塔斯马尼亚山虾
Anaspides tasmaniae

目：山虾目
科：山虾科
体长：4~5厘米
分布：塔斯马尼亚岛

塔斯马尼亚山虾生存于塔斯马尼亚岛山区清澈的深水池塘中。它的外形和淡水中棕色的锯齿长臂虾相似，被认为是超过2亿年未变的活化石。它不擅长游泳，更喜欢在水底爬行，主要以水藻为食。春天雌虾会排出受精卵，直径约为1毫米。雌虾把受精卵安置于石头和水生植物上，大约8个月之后孵化。

盲虾
Spelaeogriphus lepidops

目：盲虾目
科：盲虾科
体长：1.5~2厘米
分布：南非、巴西、澳大利亚西部

盲虾于1957年被发现于南非，目还生存于澳大利亚西部和巴西。它的壳已缩小，只覆盖住胸腔第一节，仅有一对附肢（用来控制食物）。

它生活在洞穴和凹地中，以岩石和植物上脱落的微小有机物碎屑和植物碎片为食。

其他生存于地下水和洞穴中的典型无眼甲壳纲动物有红眼地虾、查氏地虾、井水片脚虾和冥片脚虾。

异虾
Amphionides reynaudii

目：异虾目
科：异虾科
体长：1.5~2.5厘米
分布：热带海域

异虾形似河虾，分布于热带海洋的浅海海域。其外貌特征是薄而膨胀的背甲包住胸部。雌虾缺少最后一对胸肢（步足），而第一对腹肢（腹足）非常发达，可临时充当育儿袋，用于存放受精卵直到其孵化。雄虾拥有尖细的头胸甲，使其易于在水中获得强劲的动力。

大水蚤
Daphnia magna

目：枝角目
科：蚤科
体长：1~2毫米
分布：美国东部

大水蚤（属于鳃足亚纲）是一种微型淡水浮游动物，仅存在于美国东部的一些地区，喜爱池塘、湖泊和河流。它有一只很大的复眼和两个敏锐的分叉触角；身体的分节几乎看不见；透明的背甲只露出5~6对腹部伸出的附肢。大水蚤实行单性繁殖，并且只在春夏之间进行。一个或多个幼体在成体头胸甲内的囊中发育，经过一系列的蜕皮之后才能成为成体。

类似的物种有蚤状蚤和长刺蚤。圆囊蚤也属于枝角目。

丰年虫
Artemia salina

目：无甲目
科：盐水丰年虫科
体长：1~1.5厘米
分布：全世界

丰年虫（属于鳃足亚纲），又称海猴子，它是一种遍布全世界的小型节肢动物，生活在礁石坑及一切含有氯化钠的水洼中，包括盐田的盆地和盐湖；喜好盐度超过4%的水域，并且能够接受27%以内的浓度（海水的平均盐度为3.5%）。为了在如此特殊的环境中生存，它拥有独特的适应性特征：首先，盐分无法穿透其表皮，并且可以排出通过专门的附肢随食物一起摄入的盐分；其次，卵可以忍受长时间的干旱，一旦感受到最适宜的环境就会在短短几天内奇迹般地自动"复活"。丰年虫的身体分为15节，其颜色随着盐度的不同而变化：盐度越高，红色越深。盐度也会影响其繁殖方式，既可能是单性繁殖，也可能是两性繁殖。

静水鳃足虫和斯氏鳃足虫也季节性地生活于池塘中，并对高盐度产生适应性变化的物种。

鲎虫
Triops cancriformis

目：背甲目
科：鲎虫科
体长：1.5~2厘米
分布：欧洲、北非

鲎虫（属于鳃足亚纲）生活在欧洲和北非的临时水洼中，如稻田。它几乎2亿年保持不变，被当作活化石。它的背甲扁平，呈盾形；在背甲上方的两只复眼靠得很近；触角几乎没有发育。鲎虫的躯干由33个体节组成，前13节只有1对附肢，后5节没有附肢，而其余体节则有2~5对附肢。鲎虫主要以有机碎屑为食。

透明薄皮蚤
Leptodora kindtii

目：枝角目
科：薄皮蚤科
体长：1.5~1.8厘米
分布：亚洲、北非、欧洲

透明薄皮蚤（属于鳃足亚纲）常见于意大利夏季的湖泊里，广泛分布于欧洲、亚洲和北非的许多湖泊中。它的身体细长，颜色浅淡（几乎透明），背甲较小。雌性的第一个触角非常小，雄性的第一个触角则演化为生殖器官；第二个触角则用于帮助其在水下移动。它在一年中的大多数时间里实行单性繁殖，在极少数情况下实行两性繁殖；受精卵在孵化之前会在水面漂浮。

圆形盘肠蚤
Chydorus sphaericus

目：枝角目
科：盘肠蚤科
体长：0.3~0.5毫米
分布：全世界

圆形盘肠蚤（属于鳃足亚纲）是一种遍布全世界的小型甲壳纲动物（在中欧尤其普遍），生活于湖泊中，且通常为死水。它的身体呈几乎完美的圆形，也因此而得名；背甲颜色不一，从灰色到近似绿色、棕色；额突形似鸟喙，用来保护前几个触角。圆形盘肠蚤从植物和水中获取有机物和水藻碎屑为食。

分布范围较广的微型甲壳纲动物还有矩形尖额蚤、方形尖额蚤、简弧象鼻蚤和长额象鼻蚤。

91

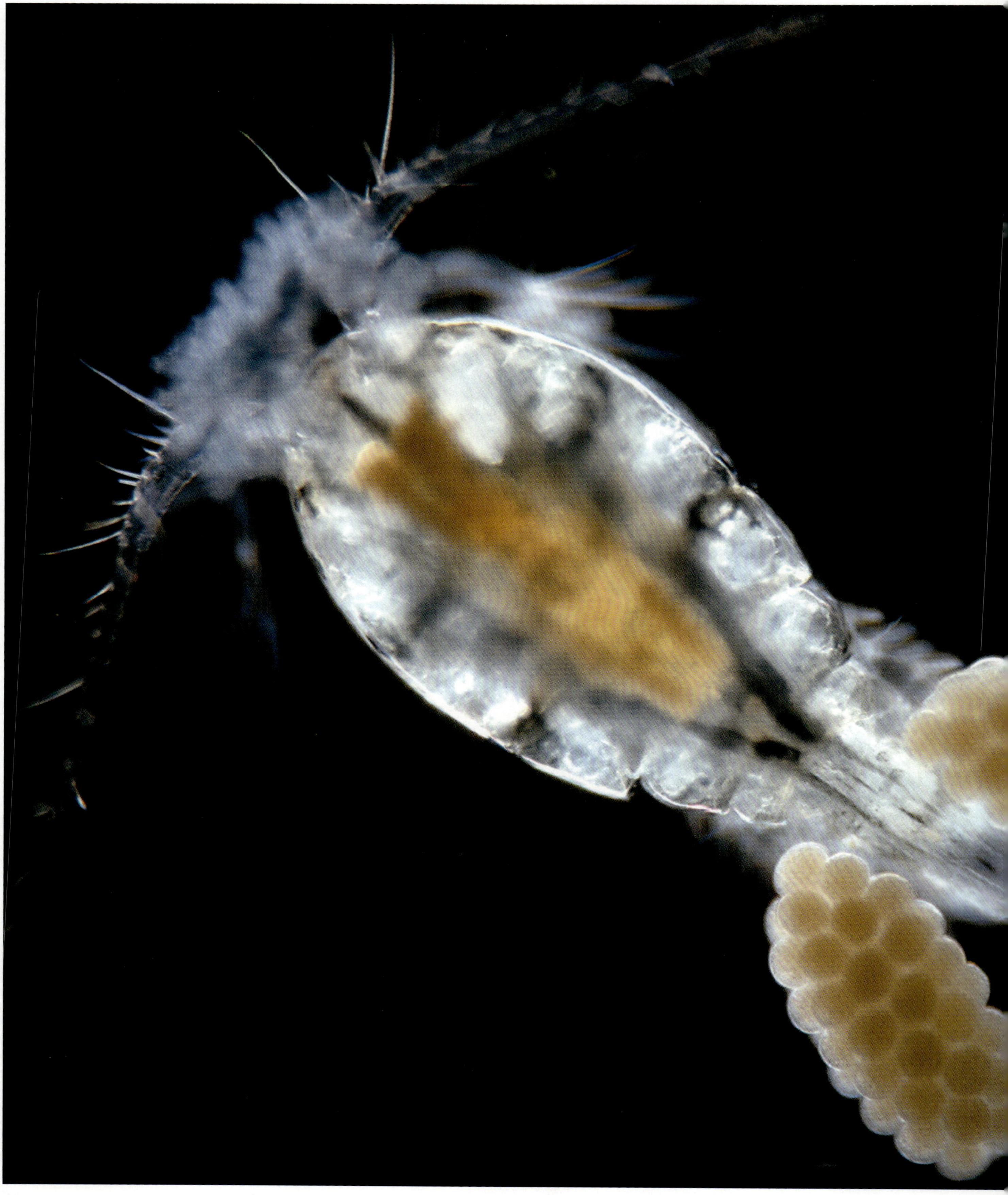

英勇剑水蚤
Cyclops strenuus

| 目: 剑水蚤目 |
| 科: 剑水蚤科 |
| 体长: 1~2毫米 |
| 分布: 欧洲、北美洲 |

英勇剑水蚤（属于桡足亚纲）广泛分布于意大利的湖泊中、欧洲和北美洲的内河中。因为害怕强光，所以它只在夜晚游到水面。

其身体近乎圆柱体，且相对透明；胸部分为7个体节，而腹部一般分为4~5个体节。它的头部中央有一只眼睛；前两个触角非常长，除作为传感器官外，还临时充当运动器官；较短的一对附肢被称作第二对触角，只有传感功能。胸部第一个体节有一对附肢，用于协助控制食物。除了第七个体节，胸部各体节都具有一对附肢，而腹部体节则不具备附肢。腹部末端有一个叉骨，其分支有长长的鬃毛。

同科的物种还有洞穴剑水蚤、近邻剑水蚤和绿剑水蚤。左图是一只囊中装着受精卵的剑水蚤。

在意大利湖泊中生活的另一种桡足亚纲动物是真镖水蚤。剑水蚤科还包括一些亚热带地区的物种，如刺长腹剑水蚤。

有孔藤壶
Balanus perforatus

| 目: 无柄围胸目 |
| 科: 藤壶科 |
| 体长: 1~2厘米 |
| 分布: 大西洋、地中海 |

有孔藤壶（属于蔓足亚纲）分布于大西洋和地中海，附着在潮间带的岩石、贝壳和沉没的桅杆上，乍一看像一个小弹坑或一座小型的设防城池——仿佛石灰板连接在一起建成的圆锥形城墙，中间插有一个短柄节。其身体可旋转约180°，也就是说，其腹部表面可朝向高处，这样躯干部分的附肢即可从上面伸出。有孔藤壶过滤海水并伸展附肢形成一个与水流垂直的篮子状结构，以获得养料。

藤壶属动物几乎总处于"僵死"状态，须头虫属藤壶等也是如此。藤壶又称犬牙。

马蹄虾
Hutchinsoniella macracantha

| 纲: 鳃足亚纲 |
| 科: 哈钦森头虾科 |
| 体长: 3~4毫米 |
| 分布: 美国西海岸 |

马蹄虾生活在美国西海岸。它的身体瘦长，无背甲，具有20个几乎相同的体节（胸部8节，腹部12节）；颚部和运动附肢并无差异，都用于过滤微生物及帮助运动。马蹄虾生活在沙子里；无眼，通过触角和足来感知环境。它雌雄同体，任意两个个体都可以进行结合。

梳形藤壶
Lepade pectinata

| 目: 围胸目 |
| 科: 藤壶科 |
| 体长: 1.5~4厘米 |
| 分布: 全世界 |

梳形藤壶存在于全世界所有海域，附着在海藻残骸、漂移的物体或船的龙骨上。它的躯体细长，一部分被石灰质板和裸露的梗节覆盖，肌肉十分发达且柔软灵活。梗节位于幼体身躯的前端，包括触角的原基及黏合腺，腺体分泌的黏性物质在水中硬化，使其自身和附着物粘在一起。通过梗节，梳形藤壶能够附着在浮游物质上并把它作为自己的"住所"。

聚焦

不仅在海中
其他环境中的甲壳纲动物

每当人们谈论起甲壳纲动物，都会立刻想到大海或河流湖泊，实际上，尽管所有的甲壳纲动物都需要很大的湿度，但它们不都生活在水中。许多甲壳纲动物生活在不同的环境中，或者说在演化过程中，它们为了适应"落后"的生活环境而不得不改变。

临时水洼

无甲目（属于鳃足亚纲）动物是非常常见的甲壳纲动物，其物种丰富、生存年代久远，如今存活下来的物种生活在偏僻的环境中，以躲避捕食者。实际上，它们没有甲壳，所以没法使自己免受其他水生捕食者的伤害，如果生活在湖泊河流中，很快就会成为猎物。因此，无甲目动物尝试并成功适应了鱼类和其他捕食者不能生存的环境——融雪或大雨后形成的临时水洼。显然这是一个短暂存在的环境，在这里动物的生存周期只有几周。于是，雌性利用这个短暂的时期，在水洼快要干涸的时候产下受精卵，而受精卵可以忍受长时间的干旱，当水洼重新充满水时，受精卵便开始孵化。

锥形多卤虫

盐田中的生活

无甲目动物还找到了另一种不寻常的环境，并适应生存下来——盐田。丰年虫十分闻名，因为它可以在盐度比海水还要高的环境中完成所有的生命活动，这是其他大部分生物做不到的。丰年虫为了更好地适应环境而想尽办法：首先是包裹它的外皮，使盐分无法穿透，只能随着食物进入它的体内，被肠道吸收，然后通过腿部薄片状的特殊附肢排出；其次，丰年虫会产生高浓度的尿液，将体内多余的盐分排出。

丰年虫

稻田中的居住者

甲壳纲中有一个非常小的目，仅包含15个物种，其特点是身体前部被一块宽大的甲壳保护，因此被称为背甲目，意为（希腊语）"有背部甲壳"。这些小动物呈棕色，体长只有几厘米，到如今已有2亿年的历史。它们适应生活在临时水洼中，如稻田。它们在稻田底部爬来爬去，或者爬上禾苗。和无甲目动物一样，它们也产卵，受精卵会耐心等待下一个生长季来临，当稻田蓄满水时才孵化。然而，除草剂和杀虫剂的使用使这些稻田中的居住者如今已经十分稀少了。

寄生于甲壳纲动物

寄生亚目动物永远都是其他甲壳纲动物的寄生者，不管是在幼体时期还是成体时期。它们在宿主的体内度过一生，并且在这种环境中进行繁殖。在有些情况下，它们是雌雄同体的；在另一些情况下，它们总是成对出现在宿主的鳃中。比如，寄生亚目动物的幼体进入一只蟹或螯虾的鳃中后，丢掉运动附肢并转变为雌性成体；之后当另一只幼体进入同一个鳃腔时，它不会变成雌性成体，而是进入先前那只雌性成体的"育儿室"中，变成雄性成体，并为繁殖做准备！

无处不在的甲壳纲动物

生活环境	大海	淡水	陆地	临时水洼、盐田、稻田
甲壳纲动物	龙虾	河虾	鼠妇	无甲目动物

陆地上的甲壳纲动物

鼠妇常出现在潮湿的地方，如丛林和花园，尤其是在半掩在泥土中的大石头下面。尽管其生存需要较大的湿度，并且主要在夜间活动（因为夜间湿度较大），但它仍是最适应陆地生活的甲壳纲动物。白天，它使用与对付敌人相同的方法来对抗干燥：尽可能地把身体蜷成一个球，只把有背甲保护片覆盖的背部暴露在外，以减少水分蒸发。此外，它通过水分充足的食物来补充失去的水分及避免干竭。它的外表皮上有细长的纵向纹路，一直延伸到腹部的呼吸附肢，这些附肢将水分扩散至身体表面的毛细血管中，尤其是必须一直保持湿润的呼吸层，使其不至干竭。

螯肢亚门

蝎子和蜘蛛："装备"有钳爪和毒液

蝎子、蜘蛛和尘螨的外表会引起人们惊恐和厌恶。然而这些动物展现的超强适应能力,是无脊椎动物演化和其广泛分布的最好见证。

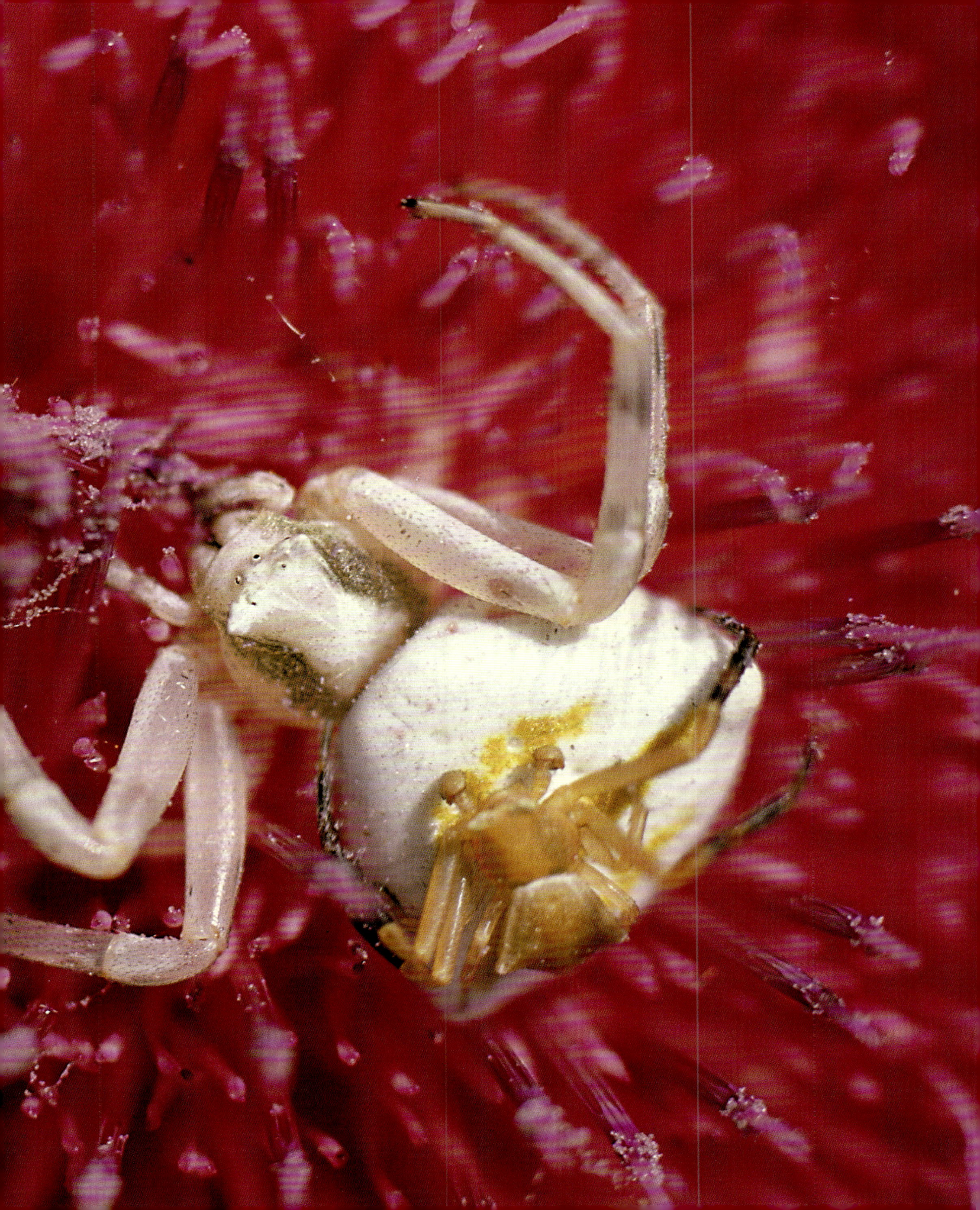

简介

螯肢亚门属于节肢动物门，包括蝎子、蜘蛛和尘螨等动物。这类动物数不胜数，几乎生活在各种陆地和水环境中。它们尽管体型大小不一，但都呈现同样的解剖结构：包裹一层分节的表皮壳，各体节通过薄膜相互连接，表皮壳在起保护作用的同时也赋予了它们身体的灵活性；身体分为头胸部（头部和胸部愈合形成）和腹部两部分。

它们的第一对附肢演化为螯肢，弥补了颚部的缺失；第二对附肢称为脚须，具备感觉、抓握或繁殖功能；其他附肢用于移动。

上页图片：蟹蛛；本页图片：黄肥尾蝎

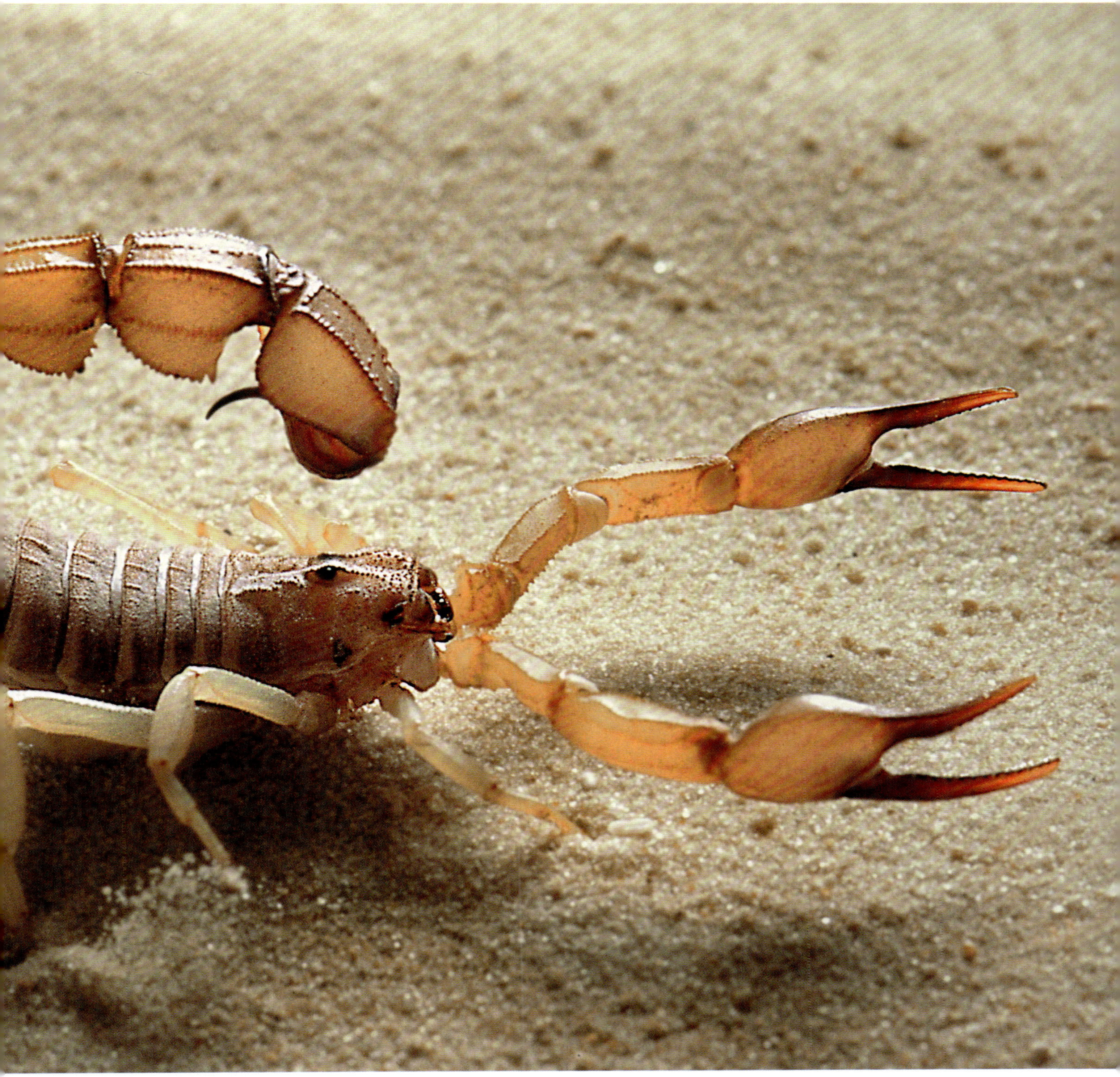

螯肢亚门

前世今生

螯肢亚门动物和其他的节肢动物一样，起源于远古时期，因此想要追寻其整个演化历程是很困难的。留存到今天的古生代海生节肢动物化石是螯肢亚门动物存在于奥陶纪的最好见证。螯肢亚门动物从奥陶纪开始和它们生活在上一个时期（寒武纪）的祖先出现了明显的差异。

三叶虫，古老的祖先

螯肢亚门动物和灭绝于石炭纪的三叶虫具有很高的相似性，经证实，鲎（一种较为原始的螯肢亚门动物）的幼体之所以被认为是"三叶虫"形态，正是因为它清楚地展现了这种古老祖先的特征。三叶虫只生活在海洋中，在寒武纪和奥陶纪达到演化的顶峰。其身体无论是横向还是纵向都能区分为三个部分（或三叶），因此得名"三叶虫"。

关键的过渡：剑尾目

化石表明，在奥陶纪（距今约5亿年前）的浅海中生活着当时最大的节肢动物——海蝎，其结构和今天的蝎子非常相似，并开始从水中转移到陆地上生活，但这些体型庞大的捕食者并不能适应环境的变化，于是在二叠纪就灭绝了，没有留下任何直接后代。同一时期，在地球上出现了另一类动物，即剑尾目动物，它们与现今的螯肢亚门动物有着密切的联系，在今天完全可以被看作活化石，因为从奥陶纪至今，它们的外貌并没有发生什么变化，尽管正在走向灭绝，但从演化的角度来看，实际上它们已经有长达4.3亿年保持停止不前的状态。

无脊椎动物的成就

在螯肢亚门动物中，最古老的是蝎子，早在距今约4.3亿年前的志留纪，它们就已经具备了如今的形态。其他蛛形纲动物，如蜘蛛、避日蛛、尘螨、盲蛛，在距今约4亿年前的泥盆纪才出现，那时这类动物的演化史才真正开始。到了距今约2.5亿年前的二叠纪，海蜘蛛纲动物才出现在地球上。

这种演化延续到今天，螯肢亚门动物的种类是如此之多，且呈现如此明显的演化成果，尤其是其广泛的分布和超强的适应能力，丝毫没有减弱的趋势。

很显然，在几亿年的演化进程中，大量物种悄无声息地消失是无法避免的，但螯肢亚门动物直到今天依然大量存在于全世界，陆地、淡水、海水，热带和寒带，从深海到海拔7000米的陆地，从森林到干旱的沙漠都有它们的足迹，任何有机物都可以是它们的食物，它们能生活在最离奇的生态系统中。这些无疑是螯肢亚门动物演化成果最独特的见证。

3.5米长的蝎子

近些年在艾费尔高原和阿登高地发现了目前已知最大的节肢动物的化石，其学名为莱茵耶克尔鲎，是一种生活在水中的蝎子，它的存在可追溯到泥盆纪。虽然化石并不完整，但其钳爪和如今蝎子的钳爪类似，根据钳爪的大小可以计算出莱茵耶克尔鲎的整体尺寸。由它庞大的体型可以推断，它位于食物链的顶端，一些现存的脊柱动物都害怕它，其中大多数是鱼类。

最早登上陆地的蝎子

动物学家一致认为蝎子是第一种登上陆地的动物。已经有方法证实，蝎子就是生活于志留纪的海蝎的后代，它们渐渐离开水生环境而适应了陆地生活。不过，最早的蝎子不具备肺，因此无法呼吸空气。古生物学家认为，第一种登上陆地生活的动物是生活于志留纪的古蝎。

蜘蛛的化石

蜘蛛的身体非常柔软，很难跨越亿万年的时间完整地保存下来，因此蜘蛛的化石相当罕见。最古老的蛛形纲动物化石来自志留纪（距今约4.2亿年前）的杰拉米古蝎；接着是二叠纪的乌拉尔蛛；然后是泥盆纪的乌拉尔蛛，这种蜘蛛具备原始的产丝器官：它因这一特征被归为"蜘蛛"，尽管它可能并不具备织网的能力。在石炭纪（距今约3亿年前）出现了最原始的具备吐丝器的蜘蛛，被归类为中古蛛类。三叠纪的化石则显示它们有了进一步的发展，因为当时的蜘蛛已经和现在的蜘蛛十分相似。在接下来的时间里，尤其是在白垩纪，一些困于琥珀中的蜘蛛一直完好地保存到今天，使研究人员得以观察其解剖结构的细节。在德国罗特县的褐煤仓库中，直到今天还保存着蜘蛛化石。在研究这些化石的基础上，古生物学家推断大约在距今7亿年前，蜘蛛就已经大量存在于地球上，并且和如今的蜘蛛十分类似。另外，蜘蛛的化石分为两类，一类在第三纪时腹部已经出现明显分节；而另一类和如今的蜘蛛一样，不存在分节现象。

一只沙滩上的鲎。它的英文名称是 horseshoe crab，意为"马蹄蟹"。

分类

螯肢亚门包括肢口纲、蛛形纲和海蜘蛛纲。肢口纲又称腿口纲；蛛形纲是最大的一纲，包含至少十个目上千个物种；海蜘蛛纲又称皆足纲。关于螯肢亚门的分类，动物学家意见不一，因为他们所用的分类标准不同。

这里我们遵循格拉斯的分类方法，这是公认最有参考价值的分类方法之一。

肢口纲细分为两目，其中一目是广翅鲎（或板足鲎目），其中的物种大约在距今2.5亿年前已经全部灭绝；另一目是剑尾目，包括三个属，其中的两个属中的物种已经灭绝，因此只剩下鲎属，共有五个物种，均生活于海洋中。

蛛形纲包含了螯肢亚门中分布最广、最有名的动物，分为须脚目、蝎目、拟蝎目、避日目、蜘蛛目、有鞭目、蜱螨目和盲蛛目等。蛛形纲动物大多为陆生肉食性动物。目前已知的蛛形纲动物有约2.8万种，但动物学家认为实际上远不止这个数目。

海蜘蛛纲动物即所谓的"海中蜘蛛"，关于它的分类至今仍是专家们有争议的话题。

亚利桑那沙漠金蝎的体长为12～15厘米，生活在美国西南部的沙漠中，主要在亚利桑那州。

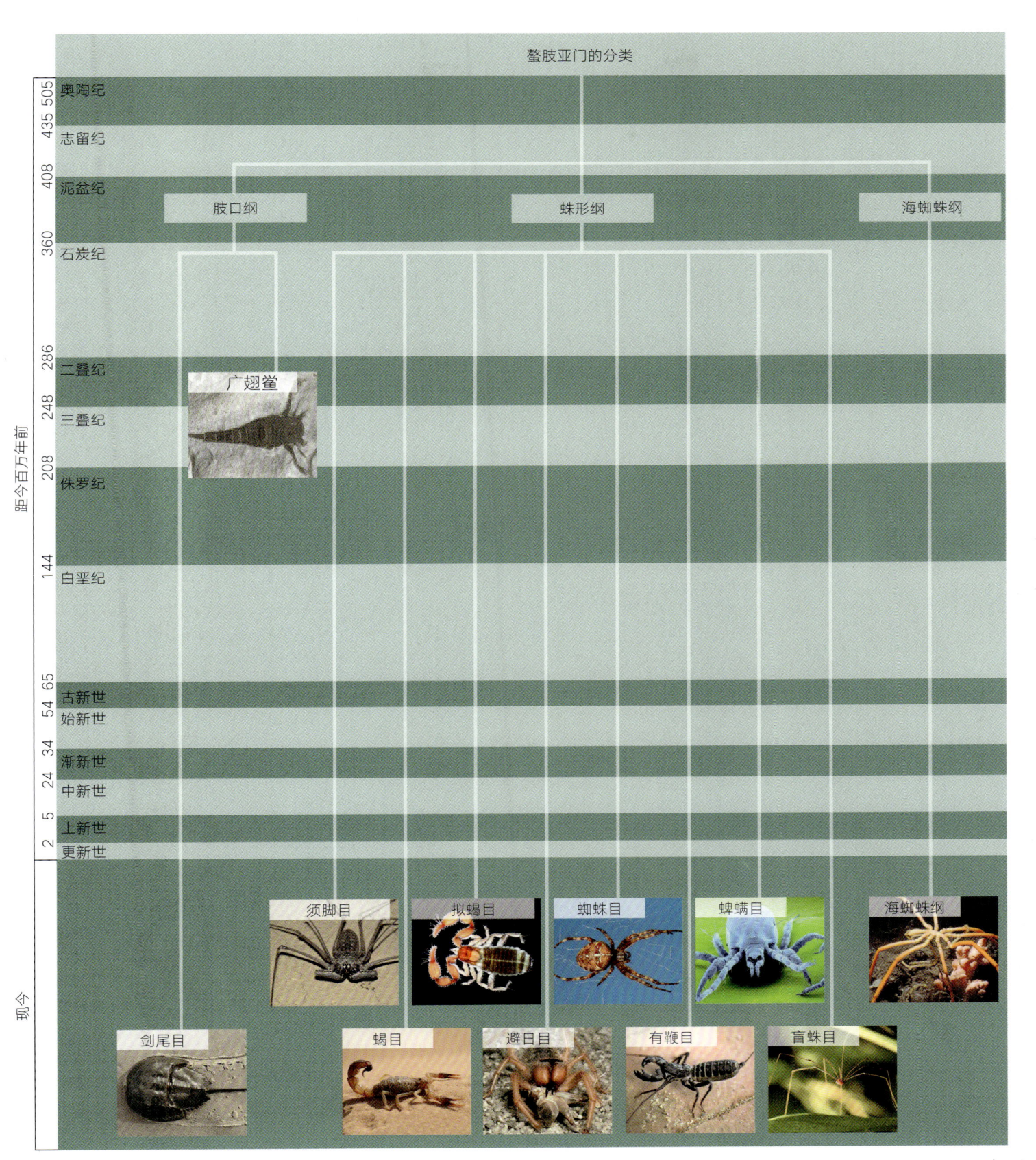

螯肢亚门的分类

距今百万年前	代
505	奥陶纪
435	志留纪
408	泥盆纪
360	石炭纪
286	二叠纪
248	三叠纪
208	侏罗纪
144	白垩纪
65	古新世
54	始新世
34	渐新世
24	中新世
5	上新世
2	更新世

肢口纲 — 广翅鲎 — 剑尾目

蛛形纲 — 须脚目、拟蝎目、蜘蛛目、蜱螨目、蝎目、避日目、有鞭目、盲蛛目

海蜘蛛纲 — 海蜘蛛纲

103

螯肢亚门

总体特征

尽管体型大小有差异，大多数情况下构造看上去也不一样，但所有的螯肢亚门动物都有着同样的解剖结构，它们的差异与其不同的生态环境有关。

所有的螯肢亚门动物都有一层坚固紧实的表皮壳，表皮壳分节，各节通过薄且有弹性的膜相互连接，表皮壳赋予其高度的身体灵活性。

螯肢亚门动物表皮壳（外骨骼）的内层略有延长，和有力的肌肉紧连在一起；身体分为两部分：头胸部（由头部和胸部愈合而成）和腹部；口部位于头胸部的前端，从口部延伸出六个体节，每个体节上都长有一对附肢。

螯肢和脚须

第一对附肢，也就是位于最前端的附肢，演化成螯肢亚门动物特有的结构——螯肢，但不具备真正的颚部，也因此区别于其他被称为有颚亚门的节肢动物（如甲壳纲、唇足纲、倍足亚纲、昆虫纲动物）。此外，螯肢亚门动物不具备触角，而这在有颚亚门动物第一对附肢的演化中必不可少。螯肢从基节长出，末端成钳状或钩状，使其易于捕捉猎物，通常置于口部旁。螯肢有时用来注射毒液，而拟蝎目动物一般用它来结网。

第二对附肢最初用来爬行，较原始的物种仍然具备此项功能，而在较高等的物种身上则有更多功能，成为兼具抓握、咀嚼、感觉功能的器官。这些附肢被称为脚须或脚颚。头胸部的另外四对附肢用于移动。

头胸部覆盖着神经系统的主要部分，在体表对应的器官是数目不一的单眼（剑尾目除外）。

腹部

蝎子的腹部最初分为至少12个相同的体节，而较高等的动物演化形成分节并不明显的腹部。正是从分节的逐渐消失中可以看出螯肢亚门动物的演化趋势：较原始的动物腹部分节；而较高等的动物，尤其是蜘蛛，其腹部完全没有分节的现象，而是通过一层宽大的膜或柄节和头胸部连接在一起，这点我们可以从很多蜘蛛的外表看出。

螯肢亚门动物腹部体节上的附肢通常退化或演化成其他器官。腹部具备生殖器官、呼吸系统、循环系统、部分神经系统、消化系统末端及功能不同的腺体。很多高等螯肢亚门动物的腹部末端是尾部附肢，即尾节，而蜘蛛的腹部末端具有吐丝器。

呼吸器官

水生螯肢亚门动物，如肢口纲动物，通过鳃进行呼吸；而陆生动物，如蛛形纲动物，则通过管状或薄片状气管进行呼吸；即使没有特定的呼吸器官也可以进行呼吸，只需通过皮肤壁和消化器官进行气体交换，尘螨的呼吸就是这样进行的。不同物种的薄片状气管也不相同，形成通常称为"肺囊"的器官。尤其是较高等的蛛形纲动物，拥有一种称为"书肺"的特殊肺部构造，肺囊排列在腹面一侧，通过一种叫作气门的小孔和外界连通。

循环器官

蛛形纲动物的循环器官的演化模式各不相同，与其呼吸器官的分布有关。除了一些尘螨类，其他所有动物的循环器官都位于腹部的心包腔中，由一根具有肌肉的心脏脉管构成，从这里分散出很多小动脉和静脉，将血液输送到身体各处的腔室和组织中。氧气通过呼吸作用吸入，其运输通过血液的流动来完成。在一些蛛形纲动物身体中，血液在氧气的运输过程中起至关重要的作用，其中有一种叫作血蓝蛋白的物质，在某种程度上与高等动物的血红蛋白类似。

黑寡妇是毒性最强的蜘蛛之一，它的毒性远强于响尾蛇。

繁殖

螯肢亚门动物通常是雌雄异体的，其繁殖方式既可以是卵生（通过产卵完成），也可以是胎生，即直接生出幼体。对于某些物种，比如许多蜘蛛，雄性和雌性有明显区别，但其生殖孔都位于腹部的前端。其求爱仪式可能会非常复杂，最后雄性会在土壤中排出精荚，也就是包裹有精子的小球，雌性则通过适当的操作将其放入自己的生殖器官中。

雌性在排卵后一般会对卵加以保护，直至孵出幼体，在接下来的一段时间里会照看幼体，在各种情况下给予母亲的照料。从出生到成体阶段，由于表皮壳坚硬而无法完成连续的生长，它们必须经历蜕皮阶段，以从过于拥挤的旧表皮壳中解放出来。蜕皮的次数取决于不同的物种。蜕皮经常使其形态和生活方式发生的深刻改变。一般来说，当幼体达到性成熟后，蜕皮现象就会停止。

一种暗蛛科动物和它的受精卵。

一只螃蟹蛛。这种蜘蛛（属于蟹蛛科）因其第一对附肢类似于螃蟹的钳爪而得名。

神经系统

　　蛛形纲动物的神经系统集中于头胸部，而腹部有一系列神经节，其数量根据不同物种的演化程度有所差异。高等蛛形纲动物的食道上方聚集有大量神经节和一条围绕食道的"履带"，在很多情况下，通向腹部的神经都源于这条"履带"。食道上方的大量神经节分散出视神经及分别支配爬行、捕猎和咀嚼的神经。蛛形纲动物通过三种传感器官实现与外界的基本交流：感觉毛（主要集中在附肢上）、缝感觉器（或称琴形器，遍布全身）和眼（有两种不同的类型）。蛛形纲动物既能通过触觉，也能通过化学反应和视觉感知外界刺激。此外，一些蛛形纲动物对声音比较敏感，这似乎是从空气和土壤的震动感知的。

进食与消化

　　蛛形纲动物是十分好斗的肉食性动物，其抓捕技术的完善，一般是随着其解剖结构的改变进行的。蝎目、部分拟蝎目和蜘蛛目动物具备分泌毒液的腺体，毒液可以使猎物无法移动；另一部分蜘蛛目、拟蝎目动物和部分尘螨具备分泌腺，其分泌液在空气中凝结形成可织网的线状物，用于抓捕猎物或制成茧以保护受精卵。蛛形纲动物的食道细窄，紧连着口部。很多蛛形纲动物没有可嚼碎食物的咀嚼器官，其前肠具有吸收功能。食物在进入口腔之前就已经通过消化酶部分消化，前肠就吸收这些已成为半液体状的食物。食管之后分为前肠、中肠和后肠三个部分，一般每个部分都具备憩室。

在吃掉猎物前，蜘蛛会用蛛丝困住它。

帝王蝎
Pandinus imperator

目	蝎目
科	蝎科
体长	18~24厘米
分布	非洲

帝王蝎是最大的蝎子之一，生活在非洲大陆炎热干燥的地区。它的身体呈深色，由两部分构成，前半部分呈椭圆形或长方形；后半部分长而狭窄（类似一条尾巴），最末端有一根毒刺。其腹背部扁平，因此可以在石头下方、树缝中和土地裂缝中灵活移动。每条足的末端都有两个细尖；两条脚须（第二对附肢）很有特点，其末端具有钳爪，是抓捕猎物的工具。它有2只大眼位于背甲上且轻微凸出，其余2~5对眼较小，位于背甲两端的边缘。尽管拥有看似强大的视觉器官，帝王蝎的视力却很一般。它的捕食活动在夜间进行，以无脊椎动物为食，通过感知土壤的震动来确定猎物的位置；一旦用钳爪捉住猎物，它就会将毒刺刺向猎物，再将其粉碎。

帝王蝎在交配前会有一场求爱仪式，在这期间雌性和雄性会共同起舞，最后雄性将精荚（包有精子的囊）排于土壤上，并引导雌性将精荚放入其生殖器官，以完成受精。胚胎将在雌性体中孕育几个月，诞生时已经完全成形。

背上的宝宝

幼蝎生命的最初阶段会在雌蝎的背上度过，雌蝎会不遗余力地保护它的孩子。只要有任何侵扰，雌蝎就会迅速竖起后腹部，高抬起毒刺并举起螯肢做威胁状，也就是将螯肢向后张开，以便更快发起攻势。与此同时，幼蝎就在雌蝎身上爬来爬去，对危险毫无察觉；如果幼蝎不慎掉落，雌蝎会立刻将其救回，并放下螯肢来帮助它爬回到自己背部。只有在完成第一次蜕皮后，幼蝎才逐渐脱离雌蝎生活。

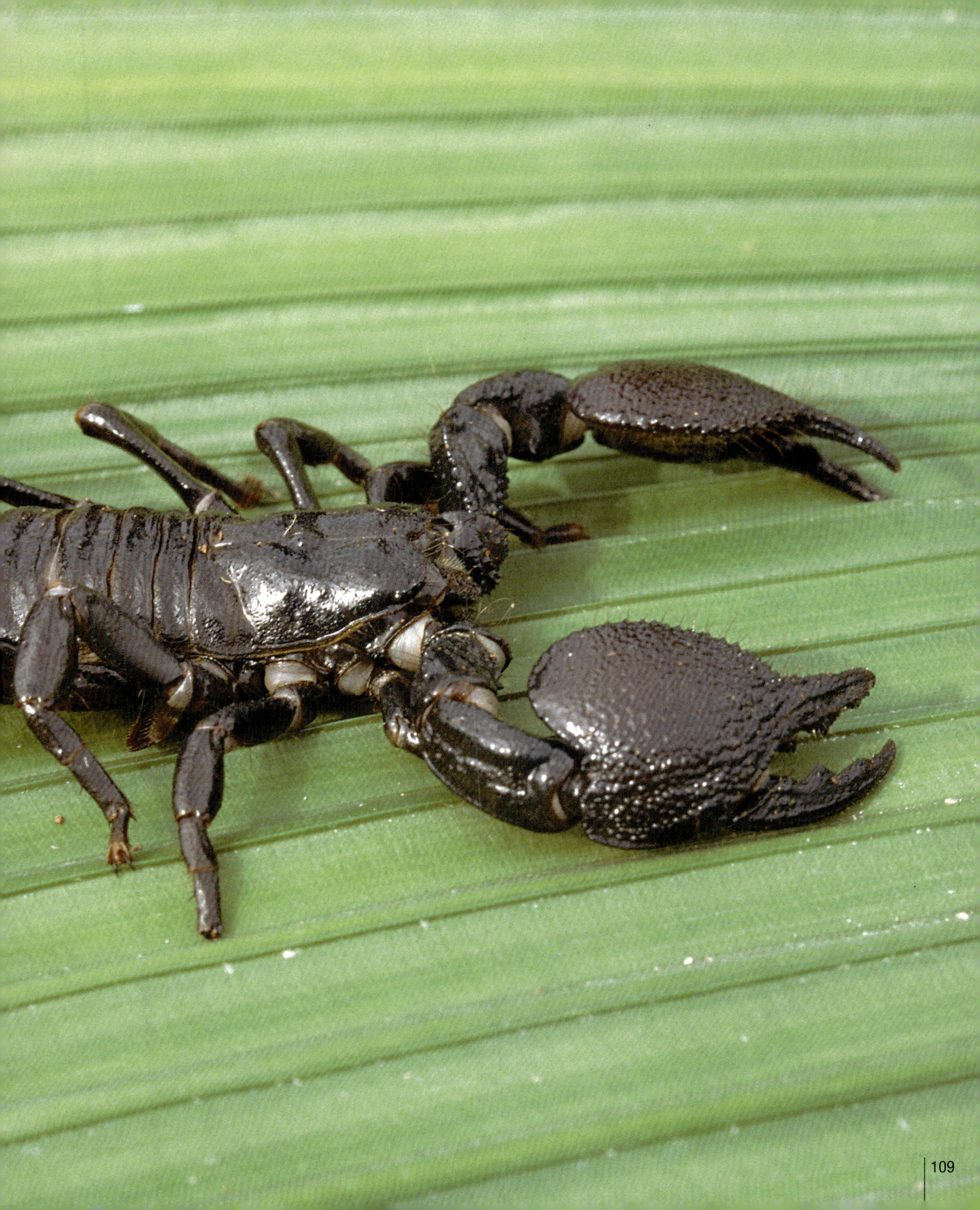

地中海黄蝎
Buthus occitanus

目	蝎目
科	钳蝎科
体长	8~9厘米
分布	法国南部、西班牙、意大利（沿海地区和利古里亚大区的阿尔卑斯山脉地区）

地中海黄蝎分布于法国南部、西班牙和意大利（沿海地区和利古里亚大区的阿尔卑斯山脉地区），喜爱炎热潮湿的地方，因此在石头下、岩缝、地下室和阁楼中很容易发现它。它是欧洲最大的蝎子，对人类来说，被它刺伤不足以致命——只会引起高烧。其身体呈棕色，分为两大节：头胸部和腹部；钳爪较细。其非洲亚种和它的区别是身体近似呈黄色，拥有更强的毒性。

地中海黄蝎的视力不好，因此人们认为它通过其他感觉器官，即小胸——位于前腹部前端的附肢进行感知。它以小型无脊椎动物为食，用脚须来抓捕猎物，然后将储存在后腹部囊泡中的毒液注入猎物体内。

黄肥尾蝎
Androctonus australis

目	蝎目
科	钳蝎科
体长	8~10厘米
分布	非洲北部

黄肥尾蝎生活于撒哈拉沙漠，是一种有剧毒的蝎子；喜爱黑暗低温的狭洞，因此一般都躲藏在沙子中，只有夜晚才在露天活动。它体型中等，拥有蝎子典型的扁平腹部，不同的是外壳呈橙黄色；位于身体最末端的尾刺中含有可致瘫痪的剧毒，对人类而言几乎是致命的，因此被黄肥尾蝎刺中是极可怕的，和被眼镜蛇咬到类似。

和所有蝎子一样，黄肥尾蝎没有群居的习惯；然而往往集中生活在限定的范围内，因此和与自身相似的蝎子生活在一起就成了不可避免的事实。它主要以无脊椎动物、甲虫、蟑螂和蜘蛛为食。交配往往在一场漫长而复杂的"求爱舞"之后进行；胚胎孕育约6个月后，雌蝎产下5~50只完全成形的幼蝎。

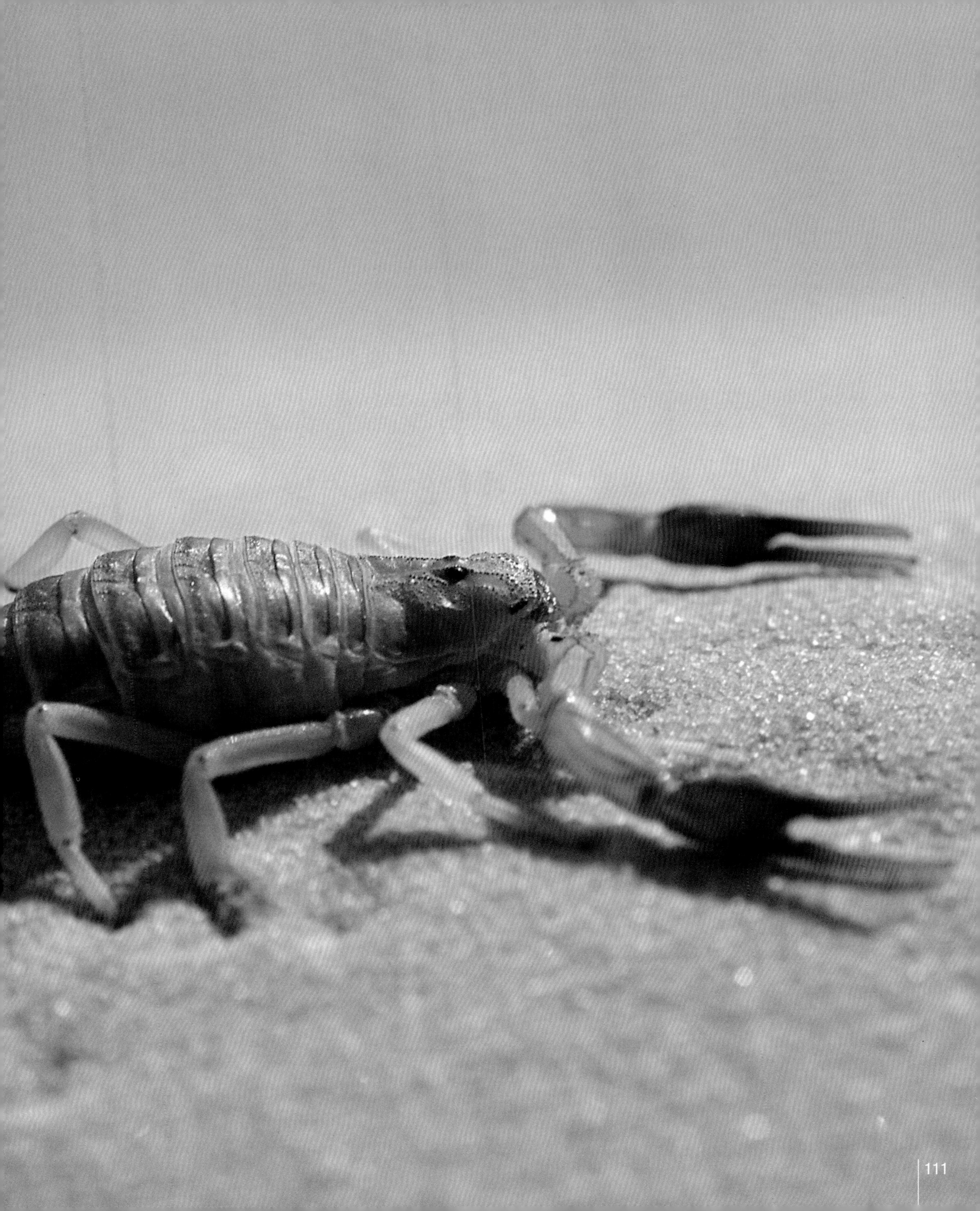

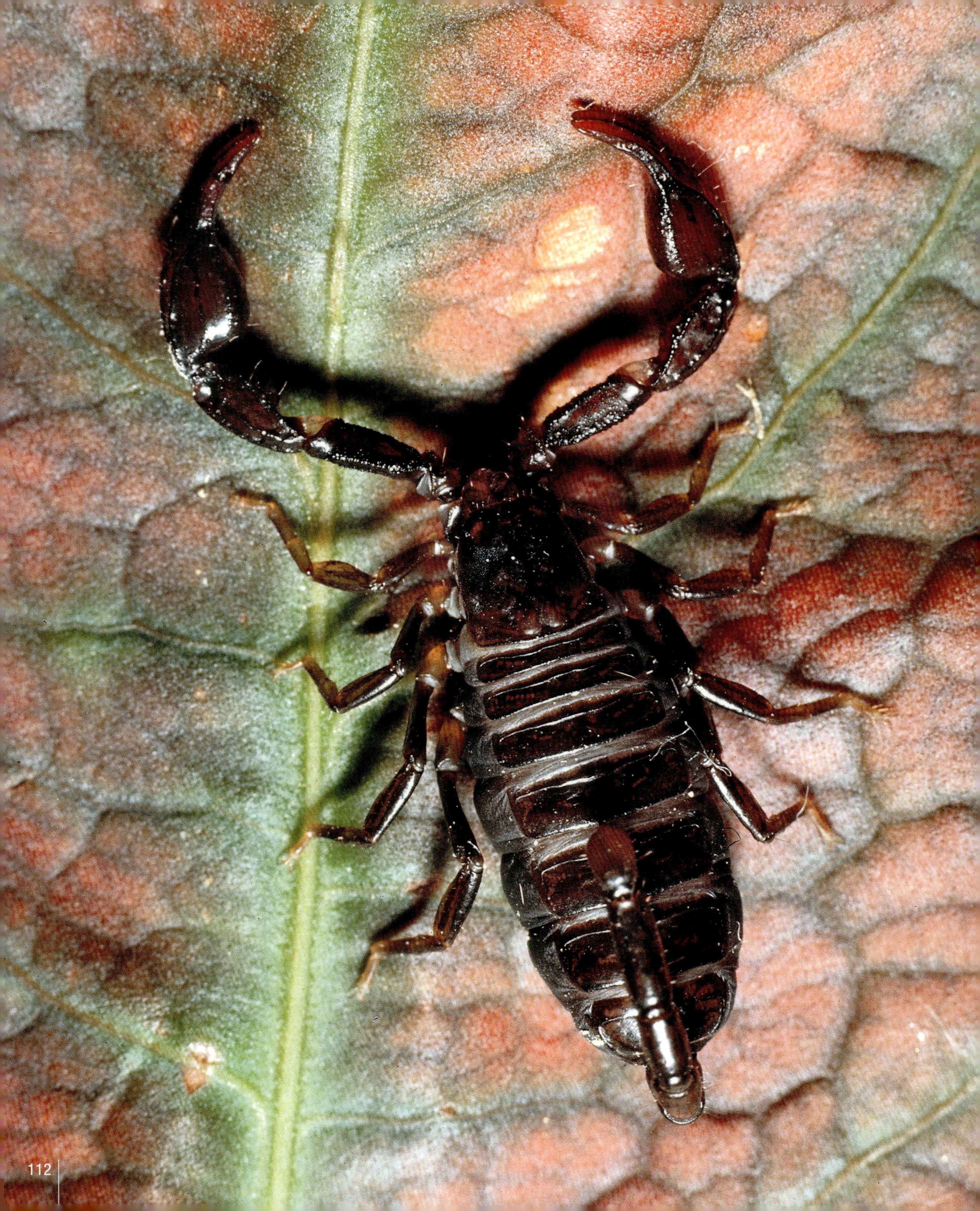

意大利真蝎
Euscorpius italicus

目: 蝎目
科: 湿地蝎科
体长: 3~5厘米
分布: 意大利、巴尔干半岛、俄罗斯、北非

意大利真蝎的分布范围较广，在意大利、巴尔干半岛、俄罗斯、希腊和北非都有它的存在。它是意大利体型最大、最著名，同时也最适应接近人类的蝎子。意大利真蝎喜爱干燥的环境，生活在阿尔卑斯山海拔1800米的石子堆中，也在柴堆、木杈堆、倒塌的房屋和废墟环境中生存。它的外壳呈棕黑色，在夜间活动。它的尾部瘦长，这是典型的真蝎特征；其尾刺几乎无毒，对人类无害，尽管被它刺中的感觉要比被其他蝎子刺中更疼。

黄尾真蝎
Euscorpius flavicaudis

目: 蝎目
科: 湿地蝎科
体长: 3~4厘米
分布: 欧洲

黄尾真蝎生活在意大利（第勒尼安海地区）、西班牙、法国和英国。它害怕寒冷，通常躲避于居所内；身体呈深色，足部和腹部最后一节呈黄色，和身体颜色形成鲜明的对比，因此很容易辨认。和意大利真蝎一样，它对人类无害，通常以小型无脊椎动物为食，但有时也会吃同类。其特点是可以在长时间不进食的情况下存活。

黄尾真蝎的繁殖期是一年中温度较高的几个月，雄蝎会在土壤上排出精荚并引导雌蝎受精。受精卵在雌蝎体中孕育约10个月后排出，幼蝎会立即破卵而出，已经完全成形。

克氏贝利萨留蝎
Belisarius xambeui

目: 蝎目
科: 湿地蝎科
体长: 3~4厘米
分布: 西班牙、法国

克氏贝利萨留蝎是比利牛斯山东南部特有的物种，生活在海拔600~1500米的地区，喜爱在洞穴口或洞穴内的石子下及岩缝中生活。克氏贝利萨留蝎属稀有物种，对人类完全无害。它有两个显著的特征，一是无眼，二是身体呈几乎透明的白色，这是在地下生活导致的结果。

耶利哥尼博山蝎属于双棘尾蝎科，分布于叙利亚；巴西的腺尾蝎，属于腺尾蝎科；整个蝎目中体型最小的是小微钳蝎，属于钳蝎科，无毒，生活于非洲东部，体长为1~1.3厘米。

鞭肛蝎属
Mastigoproctus

目: 有鞭目
科: 鞭蝎科
体长: 3~7厘米
分布: 南美洲

鞭肛蝎属中有鞭目中体型最大的物种之一，即巨鞭蝎，体长可达7厘米，重达30克，生活在南美洲的雨林中。尽管它的体型看起来令人害怕，但其实并不危险，因为和其他所有有鞭目动物一样，它不具备毒腺，取而代之的是会分泌难闻液体的腺体，它以此来阻挡敌人。

鞭肛蝎属动物的身体呈深色，分为两个体节；螯肢也分为两节，基节较短，另一节类似尖爪；脚须十分粗壮，用来抓捕猎物，包括昆虫和陆生软体动物；第一对足不用于移动，演化为触觉器官。

受精是以排在土壤上的精荚作为载体来完成的。它们的"求爱仪式"和其他蝎子一样，通过"跳舞"来完成。

113

喀尔巴阡真蝎
Euscorpius carpathicus

目:	蝎目
科:	湿地蝎科
体长:	2.5~4.5厘米
分布:	非洲、亚洲、中欧

喀尔巴阡真蝎分布于非洲、亚洲和中欧，意大利境内没有。它喜爱凉爽阴暗的岩洞口，但在花园中、石头下、岩缝或旧墙缝中也能看到它的身影，在人类住宅里看见它也不足为奇。

实际上，喀尔巴阡真蝎对人类无害，它的毒液仅会产生和蜜蜂蜇人差不多的效果。它拥有坚实的身体、强有力的脚须和短足，这与它挖洞的习惯有关。其外壳呈黑色到深棕色不一；足部颜色较浅，接近黄色；尾节颜色较深，有时会变成浅棕色和橙黄色。它的主要食物为小型昆虫。

德国真蝎
Euscorpius germanus

目:	蝎目
科:	湿地蝎科
体长:	1.8~3厘米
分布:	阿尔卑斯山脉地区、巴尔干半岛国家、奥地利、瑞士

德国真蝎生活在阿尔卑斯山脉地区、巴尔干半岛国家、奥地利和瑞士，喜爱海拔2000米以下的潮湿区域。它是意大利境内体型最小的真蝎科物种，也最不爱与人类接近。它拥有坚实的身体、强有力的脚须和狭长的尾节；外壳呈黑色，略带棕色。

德国真蝎天生不好斗；和所有的蝎子一样，不喜群居生活；以小型昆虫为食，会用脚须抓住猎物并向其注入毒液。一旦猎物不能动弹，它就会用螯肢将其粉碎。事实上，和其他生活在意大利境内的真蝎一样，德国真蝎对人类无害：它的毒液只会对有过敏体质的人产生严重的危害。而生活在非洲的真蝎则令人十分畏惧。

拟蝎目
Pseudoscorpionida

目:	拟蝎目
科:	~
体长:	1~8毫米
分布:	地中海地区

拟蝎目动物生活在地中海地区的森林、鸟巢、蚁巢和人类住宅中，对人类是绝对无害的。拟蝎目分为三个亚目：土伪蝎亚目、苔伪蝎亚目和木伪蝎亚目，共有约2000个物种。其中最具代表性的是螯蝎，它呈棕色，体长仅为几毫米。拟蝎目动物看似无尾的微型蝎子，但仔细观察会发现它们和蝎子各种不同之处。它们的身体分为多节；腹部比头胸部宽，且腹部后端呈圆形；身体侧面有2~4对眼，因此视力对它们来说并不重要；螯肢小且有两节；脚须较大，呈深色，这和蝎子的脚须一样，但不同的是其脚须上带有毒腺，用于捕捉猎物（尘螨、小型昆虫和其他微型节肢动物）。

拟蝎目动物的受精方式为体内间接受精，雄蝎将精荚排在土壤上，雌蝎将其捡起置于自己的生殖器官内。

保护茧

拟蝎目动物的螯肢非常小，其中有两根产丝腺管，位于头胸部。丝从螯肢尖端的开口处产出，主要在繁殖期间使用。雌性将受精卵（几十个）放入腹面生殖孔的一个囊内，胚胎可以从中获得营养；幼体从囊中出来前经历两次蜕皮，出来后再经历两次蜕皮即为成体，每次蜕皮前都会将自己包裹在一层保护茧中。

拟蝎目动物行动缓慢，缺乏活力；体型极小，可以生活在潮湿、隐蔽的空间中，如树缝。另外，其天性胆怯，因此很难被发现。

聚焦

尾部的毒液

蝎子的武器

蝎子的外形容易辨认，总是会引起人们厌恶和害怕的情绪。虽然阴险、好斗的声名在外，蝎子却是一种腼腆且胆怯的动物，遇到危险时，一般会向后撤退或在原地保持不动。捕猎时也一样，它们不会经常使用那个危险的工具——毒刺，只有当脚须（第二对附肢）不足以杀死或控制猎物时才会使用。因此，毒刺更是一个防御工具，而不是攻击武器。另外，需要记住的是，有些物种对人类有致命的危害。

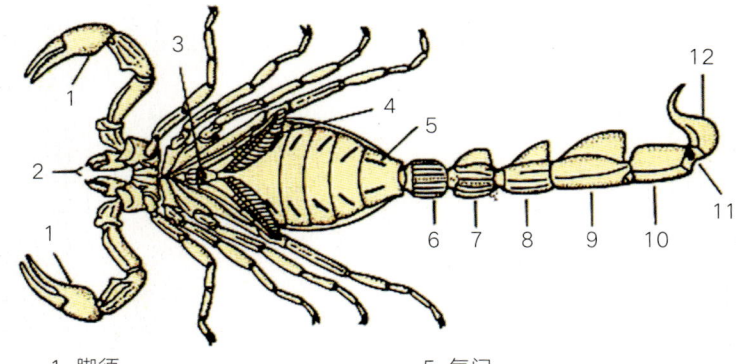

1. 脚须
2. 螯肢
3. 生殖孔
4. 小胸
5. 气门
6~10. 腹部体节
11. 肛门
12. 毒腺

毒液从何而来

蝎子的毒腺位于身体后部的"尾巴"上。两个毒腺位于坚硬的球状结构中并交汇于同一根导管，该导管通往刺尖的小孔。一层厚实的肌肉纤维包裹着两个毒腺，肌肉纤维收缩时使毒液向外流淌。蝎子会抬起后腹部并向前弯曲，出其不意地移动，在猎物身上蜇一下或多下，使毒液在猎物体内迅速渗透。

安全的婚姻

蝎子对自己的毒液免疫，这是为避免受伤和意外死亡演化而来的，比如在繁殖期。左图中，两只蝎子正在进行所谓的"死亡之舞"——雌蝎和雄蝎紧握钳爪，完成一系列有节奏的运动。这场舞蹈其实是"生命之舞"，因为它预示着交配行为。

是否危险

蝎子的毒液大多数是有毒的，其毒性可以和很多种蛇的毒液相提并论。其化学成分复杂，每个物种都有自己独特的"混合物"。可以确定的是，它们的毒液一般来说对人类并不危险，在现存的600多种蝎子中，只有极少数对人类是致命的，大多数只是会让人感到疼痛而已。只有一些非洲、北美洲、南美洲的肥尾蝎属和刺尾蝎属动物例外，它们的毒液无论是毒性还是渗透速度，都可以和眼镜蛇相比。被黄肥尾蝎蜇伤是非常危险的，其毒液可使猎物无法动弹，在短时间内导致全身肌肉麻痹，包括心脏。而被帝王蝎（体型最大的蝎子之一）蜇伤和被大黄蜂蜇伤类似，不同的人反应不同，对有的人有一定的毒性，对有的人则无害，这很可能取决于个人对其毒素的过敏反应。欧洲物种基本上无毒，只有少数例外，比如地中海地区的钳蝎属动物，虽然它的毒液不足以使人致命，但会引起高烧。

中毒的各阶段表现

中毒的各阶段表现大致遵循同一个顺序，无害的物种造成的影响仅仅停留在最初的症状，而危险物种或大型物种造成的症状会逐渐加剧。人被欧洲的蝎子蜇伤后会立刻感到剧烈的疼痛，伤口处变红、肿胀，肿胀范围快速变大。

如果被更危险的蝎子蜇伤，则还会出现高烧、口渴，肿胀部位变大且疼痛加剧等症状。如果之后还出现痉挛、非自主性活动，那么情况就相当严重了，因为会导致呼吸器官肌肉麻痹和心脏骤停。死亡不会迅速来临，大约在被蜇24小时以后发生。

别说我没提醒过你！

蝎子那令人生畏的外表就已经是一个预警信号，提醒人们要与它保持距离。如果它在爬行时脚须远离身体、钳爪张开呈威胁状，就是在重申最好离它远点。当需要释放最终的警告信号时，它会稍立起身体，后腹部弯成弓状并将尾刺对准敌人的方向（如右图所示）。然而，尽管具备"钳子"和毒刺，蝎子还是会落入其他捕食者的手中，如蜈蚣、夜行性猛禽、蝙蝠和啮齿类动物。

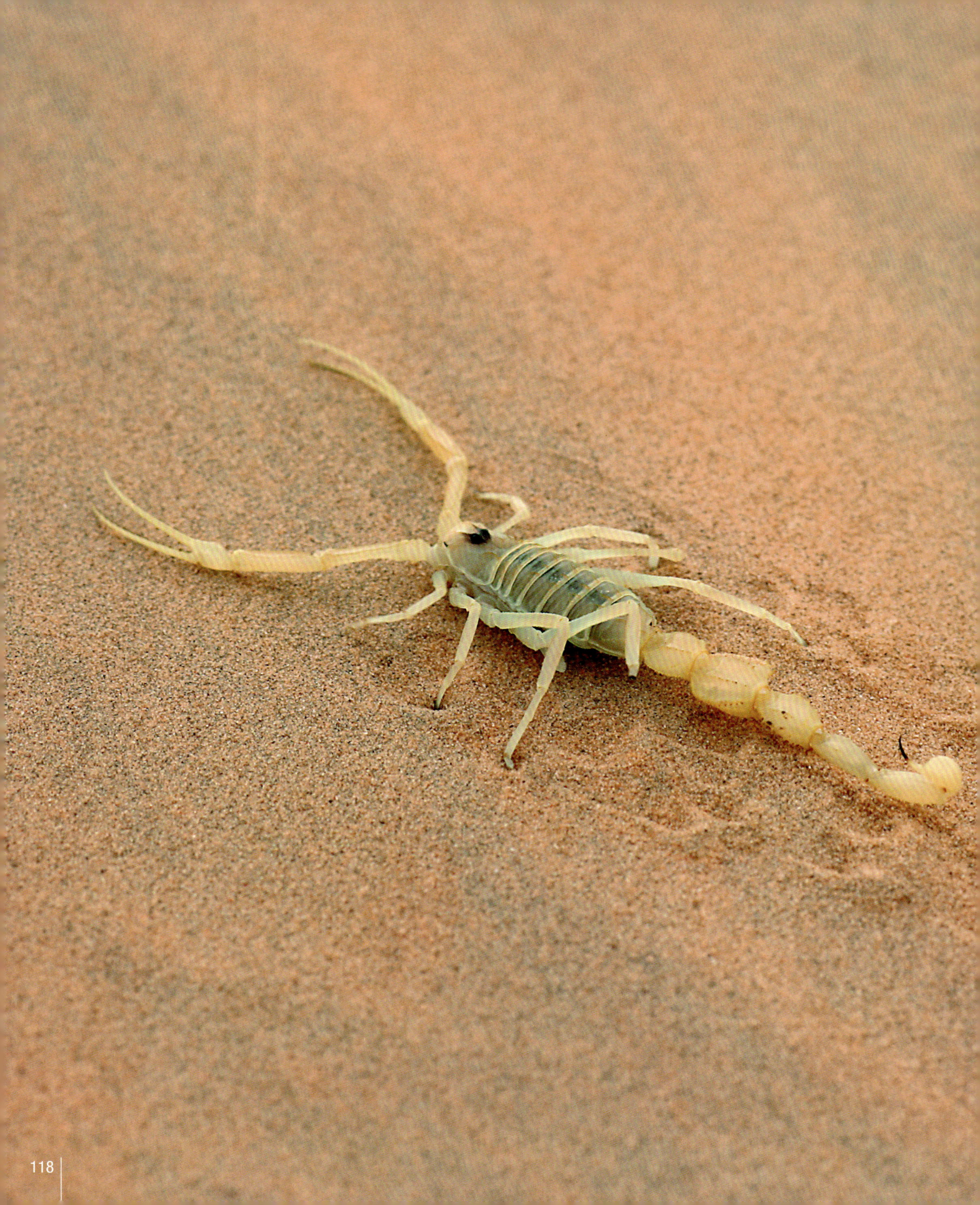

生活在沙漠地区的蝎子（比如左图中的约特瓦塔螯刺杀牛蝎）普遍拥有保护色，用于帮助它们隐蔽地接近猎物。

纳博讷狼蛛
Lycosa narbonensis

目	蜘蛛目
科	狼蛛科
体长	5~6厘米
分布	法国南部、意大利、非洲北部

纳博讷狼蛛分布于法国南部、非洲北部及意大利部分地区（尤其是南部）。与最著名的塔兰图拉毒蛛相似，纳博讷狼蛛的身体和长足多毛，呈棕黑色，视觉器官十分发达。

纳博讷狼蛛以昆虫和其他无脊椎动物为食，攻击性极强。这使得雄蛛在向雌蛛求偶时必须采用复杂的策略，才不至于被后者当作猎物被捕食。和其他狼蛛一样，纳博讷狼蛛对卵袋呵护有加。为了保证卵能够摄取足够的热量，雌蛛通常将卵袋附着于吐丝器上，面向巢穴用前足结网，直到阳光均匀地布满整张网。

劫掠狼蛛
Lycosa raptoria

目	蜘蛛目
科	狼蛛科
体长	4~5厘米
分布	巴西

劫掠狼蛛分布于巴西，长足，外壳呈棕色。与意大利的塔兰图拉毒蛛不同，被劫掠狼蛛叮咬会造成严重的皮肤损伤。幼蛛破卵后会爬上雌蛛的脊背并一直待到第一次蜕皮。雌蛛与幼蛛之间不存在明显的依附关系，雌蛛不为幼蛛提供食物，而幼蛛如果从雌蛛脊背上掉下，就会就近爬上另一只雌蛛的脊背。不过雌蛛和幼蛛之间的攻击却被强烈抑制，信息素释放的信号完全抑制了双方食肉的本性。

塔兰图拉毒蛛
Lycosa tarantula

目	蜘蛛目
科	狼蛛科
体长	2.5~10厘米
分布	欧洲南部

塔兰图拉毒蛛也称狼蛛，分布于欧洲南部及意大利大部分地区。其背部多毛，呈褐色，带有两道明显的条纹；腹部颜色较深，边缘微红；螯肢并不具有蛛形纲动物的普遍特点，而由毒腺管构成；两对蚓突构成吐丝器，足部能伸展至身体长度的3倍。

塔兰图拉毒蛛和其他蜘蛛一样，均为肉食性动物，它的视力极好，主要在夜间捕食。其巢穴深达20多厘米，塔兰图拉毒蛛身处其中，等待猎物（通常为其他无脊椎动物）自投罗网。它用螯肢抓住猎物，向其注射毒液使其致死，随后借助螯肢将其碾碎并注入消化酶，使其预先被消化。

塔兰图拉毒蛛之所以知名，是因为此前人们相信其分泌液含有剧毒，人一旦被咬伤，就会如同染上癫痫病，举止疯癫而不受控制（塔兰图拉舞就由此而来）。按照另一种说法，跳舞并不是人被咬伤之后的反应，而是缓解痛苦的方法。事实上，后来医学已经证实塔兰图拉毒蛛的咬伤对人来说并不致命，只会造成一定程度的过敏（可能是严重的过敏）。

狼蛛眼睛的近距离放大图。虽然狼蛛有3～4对眼睛（某些物种数量更少），但它的视力一般。

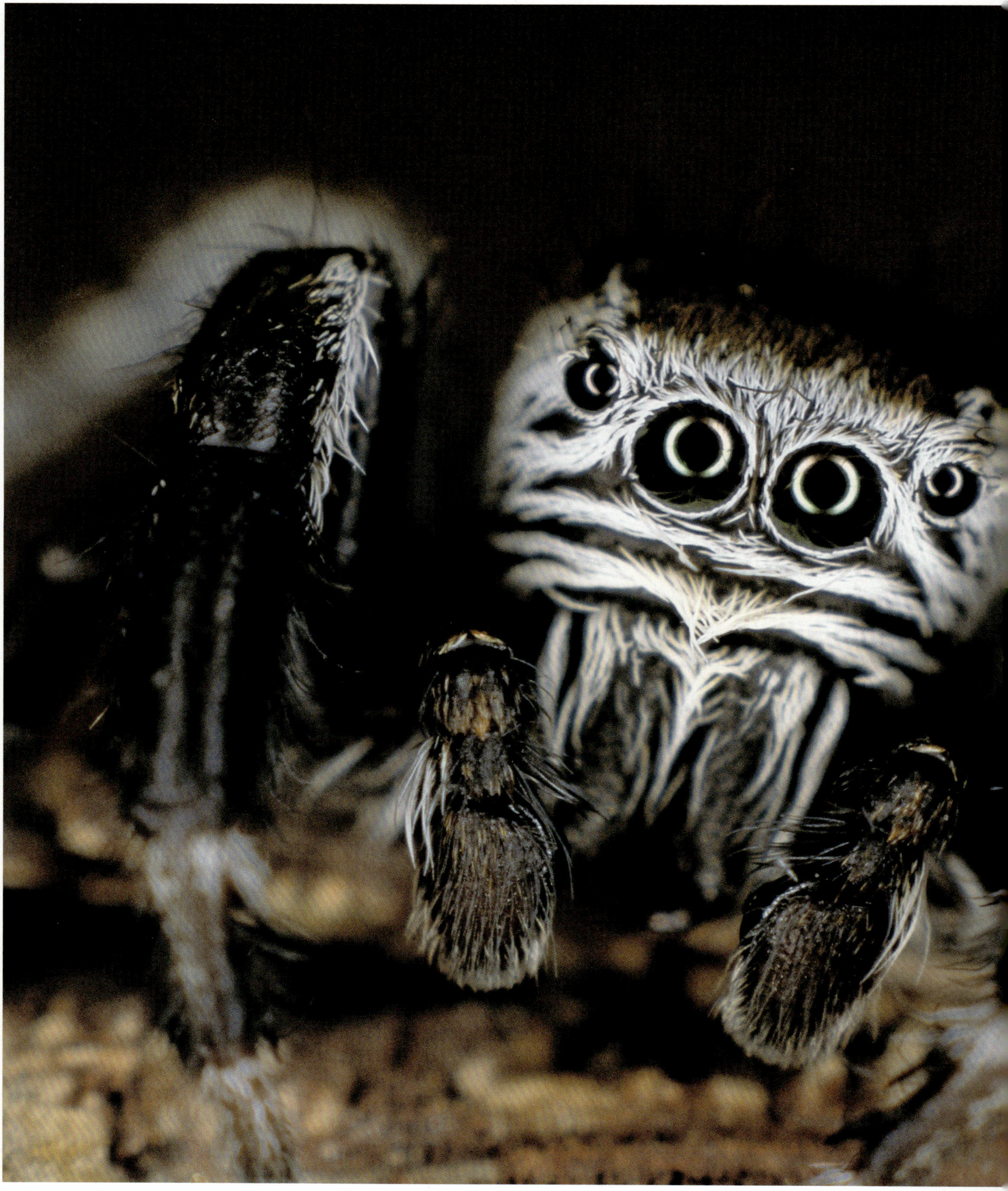

本页图片：跳蛛。跳蛛科包括5000多个物种，几乎分布在所有的生态环境中，其共同特点是善于跳跃。由于跳跃距离可以达到体长的10倍，跳蛛能够向猎物猛扑过去，将其制服。

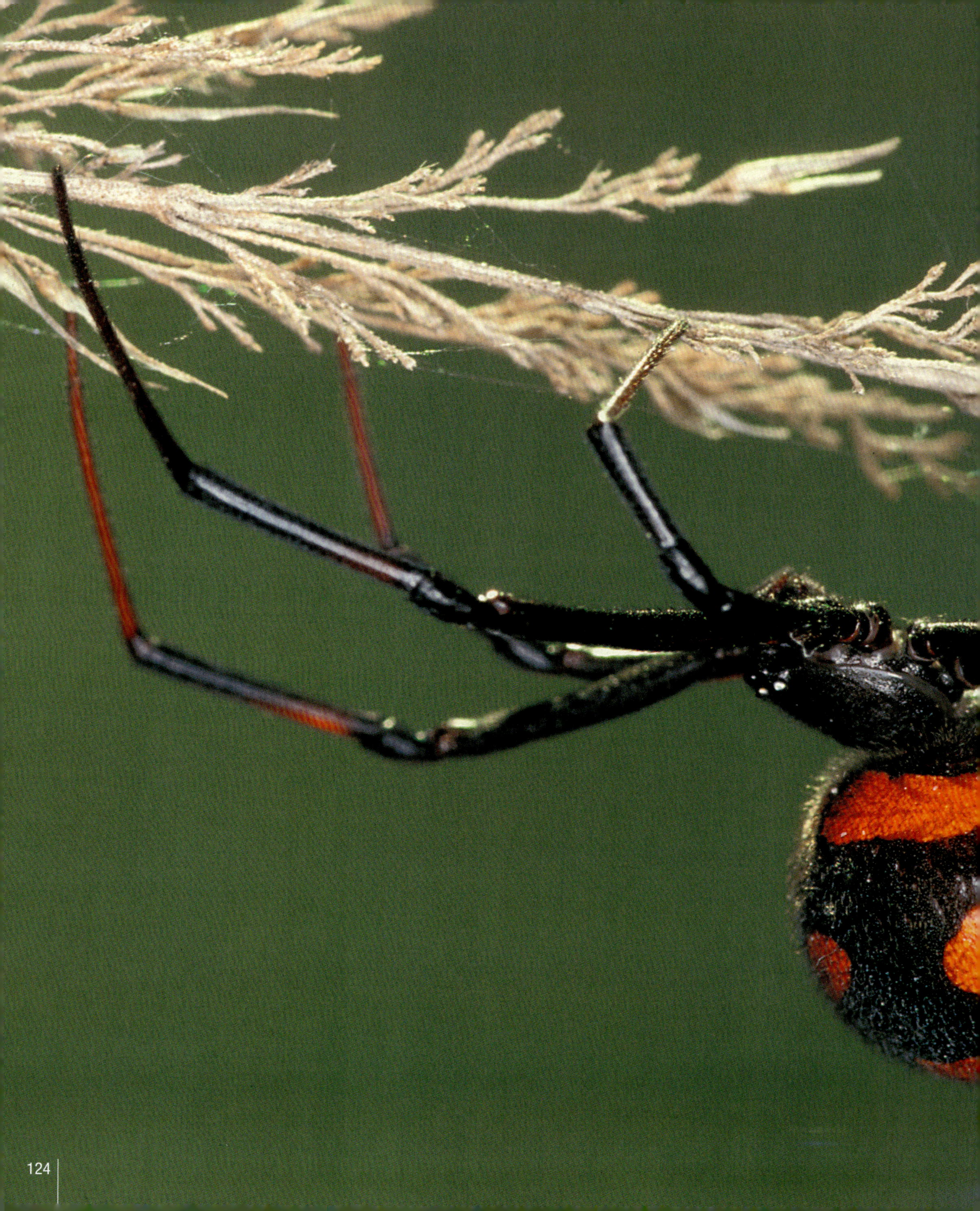

间斑寇蛛
Latrodectus tredecimguttatus

目：蜘蛛目
科：球腹蛛科
体长：1~1.5厘米

分布：地中海地区、俄罗斯南部、亚洲西部

间斑寇蛛，又称意大利黑寡妇，分布于地中海地区、俄罗斯南部和亚洲西部，通常在岩石间、柴草间、灌木丛底部或潮湿的地窖中织网。间斑寇蛛腹部呈黑色、卵圆形，上有13个红色斑点，十分容易辨认。这种显眼的颜色正是它的警戒色，为的是吓跑捕食者。

间斑寇蛛的毒性极强，对人类的神经系统有害，可导致神经系统麻痹。它是意大利蜘蛛中真正危险的物种，被其咬伤偶有死亡病例。

与黑寡妇和其他蜘蛛一样，间斑寇蛛为了克服咀嚼式口器的缺点，会在吞食猎物前就将其消化掉大部分。在蛛网里囚禁猎物后，间斑寇蛛会咬住猎物，并在伤口中注射肠道分泌液，之后离开。一段时间后，猎物已被提前消化——被内部器官液化，间斑寇蛛就可以利用其咽部的特殊构造吸食猎物，就像抽气泵一样。

黑寡妇
Latrodectus mactans

目：蜘蛛目
科：球腹蛛科
体长：8~40毫米

分布：北美洲、南美洲

黑寡妇分布于自美国至南美洲的广大地区，主要生活在热带地区，是世界上毒性最强的蜘蛛之一。被黑寡妇咬伤会十分疼痛，而且需要解毒剂来中和毒液，否则会有生命危险。雌蛛的体型比雄蛛大，身体呈黑色，有沙漏状红色斑点。雄蛛体型较小，呈橙色。

黑寡妇是强大的捕食者，具有夜行性，在巢穴入口处编织蛛网，捕食猎物（昆虫或其他蜘蛛）。猎物一旦被蛛网缠住，黑寡妇便向其注射致命毒液。"黑寡妇"的名字来源于雌蛛的特殊行为——交配结束后，雌蛛有时会捕杀伴侣。

雌蛛受精约1个月后，产下受精卵，将其包在自己所织的网中，并保护它们，直至20多天后幼蛛破卵。

125

横纹金蛛
Argiope bruennichi

目：蜘蛛目
科：园蛛科
体长：1~5厘米
分布：欧洲

除了最北部的斯堪的纳维亚半岛，横纹金蛛几乎分布在整个欧洲，只要有足够的空间可供其编织坚韧的蛛网，它就能适应各类不同的环境。横纹金蛛是意大利境内最引人注目的蜘蛛：雌蛛的身体是雄蛛的两倍大，腹部呈黄色，上有黑色的横向条纹，色彩鲜艳（因为这种配色，横纹金蛛在某些地区还被称为胡蜂蜘蛛）；前体呈白色；步足呈黑色。雄蛛则通体呈黑色，交配后死亡，被雌蛛吞食。

横纹金蛛善于编织韧性很强的蛛网，蛛网呈近圆形，有一条条紧密的蛛丝穿过。横纹金蛛具有日行性，栖居在蛛网中央，等待猎物上门，主要以飞行的昆虫为食。当有昆虫入网时，横纹金蛛便将其卷入蛛网内，多次啃咬。

如果横纹金蛛受到打扰，它就会用力晃动蛛网以示警告。

叶金蛛
Argiope lobata

目：蜘蛛目
科：园蛛科
体长：6~25毫米
分布：非洲、欧洲南部、亚洲

叶金蛛分布于非洲、欧洲南部和亚洲，其学名来源于希腊语argós，意为"发亮的"。叶金蛛的腹部呈银白色，散布着白色和红色的小斑点；长长的步足则有着深浅相间的条纹。雌雄异体的特点在叶金蛛身上尤其突出：雌蛛的身体可以是雄蛛的四倍大，雄蛛一般会在交配后死去。与黑寡妇不同，雄蛛的死亡并不是由雌蛛捕杀导致的，而是自然死亡。

叶金蛛对人类完全无害，它能够捕捉身体比自己大一倍的猎物（多为昆虫）。

另一种生活在所有热带地区的园蛛科动物为三带金蛛（Argiope trifasciata）。

十字园蛛
Araneus diadematus

目：蜘蛛目
科：园蛛科
体长：6.5~20毫米
分布：欧洲、北美洲、南美洲

十字园蛛分布在欧洲、北美洲和南美洲大陆的大部分地区，在意大利境内十分常见，是园蛛科分布最广的重要物种。雌蛛要比雄蛛大许多（体长5.5~13毫米），这是十字园蛛和其他蜘蛛目动物相同的特点。十字园蛛的身体呈褐色，无分段，前体具背甲，螯肢具毒腺，触肢器短而细，与螯肢一同协作粉碎猎物；背部有十字形浅色图案，因此得名；腹部末端有三对丝腺，用于编织形状复杂的蛛网。大部分时间它就在蛛网中间休息。

相近物种有多刺园蛛、夜行园蛛和丛林类园蛛。

十字园蛛将猎物卷成丝茧，之后慢慢享用。

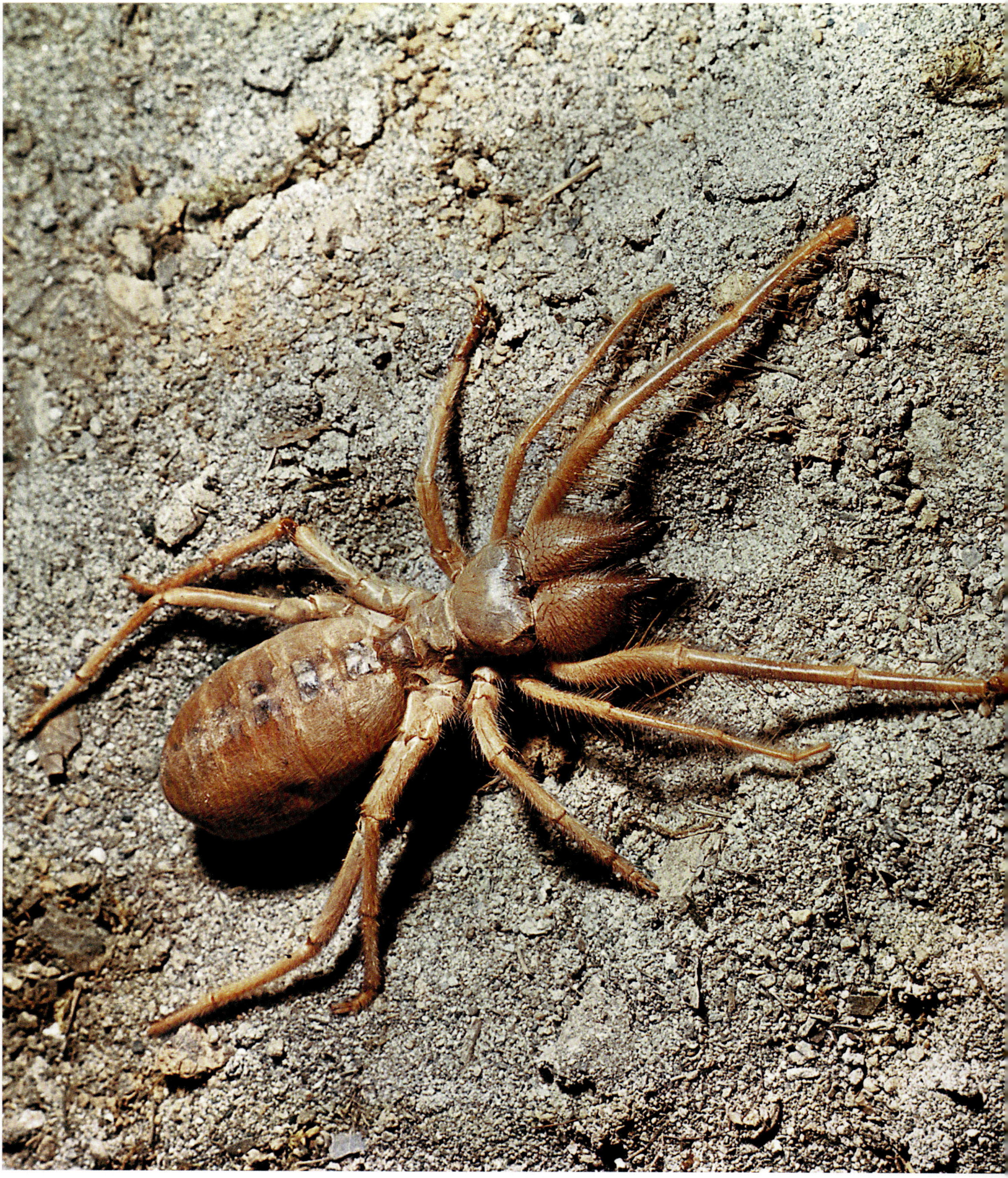

避日蛛属
Galeodes

目	避日蛛目
科	铁毛蝎科
体长	5-7厘米
分布	非洲、北美洲南部

避日蛛属的成员在非洲和北美洲的沙漠中十分常见，欧洲和澳大利亚则完全没有它们的踪迹。避日蛛体表多毛，腹部柔软、分节，前体两侧有两只螯肢；钳爪呈垂直状分布；第一对步足代替了触觉器官，因此需要持续地举起，向前伸展。避日蛛没有毒腺，但被其咬伤的症状会十分严重。

避日蛛生性贪婪，攻击性极强，会吞食各种猎物，包括小型哺乳动物，就连同类也不放过。它们利用腹部末端的丝腺吐丝来困住猎物。如果避日蛛受到威胁，它们并不会逃跑，而是立即站住，向高处弯曲连接的前体（蜘蛛中的少有情况），张开螯肢以示威胁。

避日蛛属中最具代表性的物种有埃及毛爪避日蛛（Galeodes arabs）、里海盔日蛛（Galeodes caspius）、鲨蛛（Galeodes graecus）和东方避日蛛（Galeodes orientalis）。

我想要率性的生活

避日蛛属成员的生活节奏极快，它们在土地上驰骋，突然"刹车"，抓住所有在其面前移动的活物。雌雄蛛之间的第一次交配也是"快速"进行的。实际上，雌雄蛛的邂逅发生在它们的快速夜袭中。雄蛛一旦触碰雌蛛，雌蛛便不动了，进入一种强直性昏厥的状态，之后雄蛛用螯肢轻轻抓住雌蛛。雄蛛在授精后便迅速离开，否则等雌蛛苏醒过来，就会把它当成盘中餐吃掉！

黄昏花皮蛛
Scytodes thoracica

目	蜘蛛目
科	花皮蛛科
体长	4-8毫米
分布	全世界

黄昏花皮蛛几乎分布在世界各地，喜炎热干燥的环境，一般可在墙壁裂缝或人类居所的安静角落中找到黄昏花皮蛛。其头胸部呈椭圆形；身体呈黄色或浅红色，伴有不少黑色图案；步足细长，颜色与体色相同，伴有多个黑环。雄蛛的体型比雌蛛小，体长很少超过5毫米。

黄昏花皮蛛为夜行性蜘蛛，主要以昆虫为食，即使猎物体型比它大很多，它也能游刃有余。黄昏花皮蛛的策略是将前足伸出巢穴，当昆虫偶然掠过时，它向猎物吐出黏性分泌物，使其不能动弹，之后向猎物体内注射毒液杀死它。

黄昏花皮蛛的繁殖方式为间接繁殖：雄蛛将精子注入雌蛛腹部下方的精囊中，之后雌蛛再在精囊中产卵。两周左右幼蛛就能破卵而出，刚出生的幼蛛体长仅为2毫米。

家幽灵蛛
Pholcus phalangioides

目	蜘蛛目
科	幽灵蛛科
体长	6-9毫米
分布	全世界

家幽灵蛛原本是热带地区的物种，但如今已经遍布南极洲以外的所有大陆，在南美洲和欧洲分布更为普遍。一般来说，家幽灵蛛在人类居所、树洞和岩石中编织不规则的蛛网。在某些地区，家幽灵蛛因其头胸部的形状类似于人类的头骨，被称为骷髅蛛。其身体呈卵圆形；步足细，长度为身体的5～6倍。雌蛛的体型比雄蛛大。

家幽灵蛛的独特习性之一（虽然不仅仅是家幽灵蛛的习性）是，当它受到打扰或威胁时，会剧烈晃动蛛网，以迷惑捕食者，防止遭到猎食。家幽灵蛛本身就是捕食者，以其他蜘蛛和小型昆虫为食；食物紧缺时，家幽灵蛛还会同类相残。原产于热带地区的特点使得家幽灵蛛的繁殖没有季节之分，雌蛛每年可产下20～30颗卵，并将其保留在腹部，直至幼蛛破卵。

另一类原产于热带地区的蜘蛛为栉足蛛属（Ctenus）动物，其成员众多，统称热带狼蛛。

原蛛亚目
Mygalomorphae

目：	蜘蛛目
科：	捕鸟蛛科
体长：	6~8厘米
分布：	北美洲南部、南美洲

塔兰托毒蛛指的是捕鸟蛛科的许多蜘蛛，分布于北美洲南部和南美洲。原蛛亚目动物体型巨大、粗壮、多毛，体色一般为深色。其鲜明特点是螯肢纵向分布，且永不交叉。

白天，原蛛亚目动物隐藏在树洞中，黄昏时外出觅食，以多种无脊椎动物、小型鸟类和哺乳动物为食。部分物种攻击性极强，人类被其咬伤会十分疼痛，令人生畏，但一般不构成生命威胁。

雪梨漏斗网蜘蛛
Atrax robustus

目：蜘蛛目
科：六疣蛛科
体长：2~10厘米

分布：澳大利亚

雪梨漏斗网蜘蛛生活在澳大利亚，主要是悉尼附近和新南威尔士州，喜潮湿环境，多在树干的洞中织网，但也经常栖居于人类居所中。雪梨漏斗网蜘蛛臭名昭著，是世界上毒性最强的蜘蛛之一，一个成年人被其咬伤可在几分钟内死亡。更危险的是，雪梨漏斗网蜘蛛攻击性极强，在受到威胁时，它会选择攻击而非逃跑。

每只雪梨漏斗网蜘蛛的大小可能有所不同，但一般体型巨大、粗壮，身体呈黑色，前部无毛。

其蛛网一般呈漏斗状，长度可达60厘米。雌蛛大部分时间是在蛛网中央度过的，而雄蛛则到处闲逛觅食，食物多为昆虫。

最强毒液

能与雪梨漏斗网蜘蛛争夺世界上对人类毒性最强的蜘蛛宝座的只有菲纽蛛属（Phoneutria，属于枅足蛛科）动物了。菲纽蛛属动物分布于北美洲南部和南美洲，在巴西十分常见，体型小（体长为1.5~2厘米），可在人类居所中找到它们的踪迹。它们的身体和长而有力的步足呈棕色，仅螯肢基部呈淡红色。

聚焦

老练的捕食者

蜘蛛的捕食策略

蜘蛛都是老练的捕食者。蜘蛛的捕食天性之强甚至超过了繁殖的欲望：雄蛛想要接近雌蛛，就要当心变为雌蛛的猎物。能与任何猎物周旋的能力使得蜘蛛几乎战无不胜，它们会根据猎物的特征和行为改变攻击的方法。

死亡陷阱

几乎所有的蜘蛛都会吐丝织网。蛛丝是一种蛋白质分泌物，与空气接触后就会变硬。好静的蜘蛛会以其栖居的地方为中心，围绕中心织网；蜘蛛的巢穴外部也可能是用蛛丝包裹而成的，这就是蛛网成为陷阱的第一步，至少对那些视力不佳，但震动感知能力强的蜘蛛来说是这样的。误闯入蛛网中的猎物被蛛丝所含的黏性物质困住，由于蜘蛛具有特别发达的感知器官，能够感受到震动，所以蜘蛛对猎物的挣扎活动能迅速反应，会跳到猎物身上。蜘蛛在用螯肢刺穿猎物之前或之后，一般会用大片蛛丝快速将猎物"打包"，使其不能活动，被困在蛛网上，之后蜘蛛将其吞食或保存起来作为下一顿的食物。有时，蜘蛛会选择暂时离开猎物尸体，并吐出大量不规则的蛛丝或之字形丝带来掩饰自己的位置。许多游猎的蜘蛛会不停地吐出蛛丝，时不时地把蛛丝粘到身后的地面上，作为"安全绳"保护自己。通过这种方式，这类蜘蛛一旦发现猎物，便可以迅速移动到猎物周围，用蛛丝缠住它们。

要是没有蛛网……

并不是所有的蜘蛛都依靠蛛网捕获猎物，部分蜘蛛（如跳蛛科动物）是十分活跃的捕食者，它们移动迅速、善于跳跃、视力敏锐，反应极快。一般来说，捕猎以两种方式进行：一种是主动寻找，另一种是伺机伏击。使用伺机伏击的蜘蛛能够长时间保持静止的姿势，等待猎物上门，之后突然跳起，迅速捉住并麻痹猎物。无论是游走的还是好静的蜘蛛，都有着无可比拟的方向感。实际上，它们能够在太阳被乌云遮住时判断光线的方向。这种技能在多风的地带尤其有用，因为一阵狂风就能将蜘蛛带离它们惯常捕猎的地点。

拟态艺术家

有的蜘蛛通过拟态躲避捕猎者，有时它们所采用的策略十分奇怪。蟹蛛科动物就是其中之一。它们具有单色的外表，便于模拟周围环境以利于伏击猎物。它们个体的体色不同，色调从白色到黄色，会在与体色相同的花朵上等待猎物（左图：弓足花蛛，Misumena vatia）。还有一种拟态方式则用于防御。采用这种方式的蜘蛛是生活在爪哇岛上的瘤蟹蛛（Phrynarachne decipiens），为了逃脱鸟类的捕食，它会逃到树叶中央，模拟鸟粪的形状，同时释放臭味。

是蜘蛛还是蚂蚁？

有些蜘蛛模仿蚂蚁的外形和姿态，拟态能力极佳，以至于有时连昆虫学家都会被骗。它们就是所谓的蚁蛛。通过这种方式，蚁蛛可以不受怀疑地接近它们的猎物：蚂蚁。
A. 管蛛属（Myrmecium）蜘蛛。
B. 蚁蛛属（Myrmarachne）蜘蛛。
C. 蚁蛛迷惑蚂蚁的姿态。

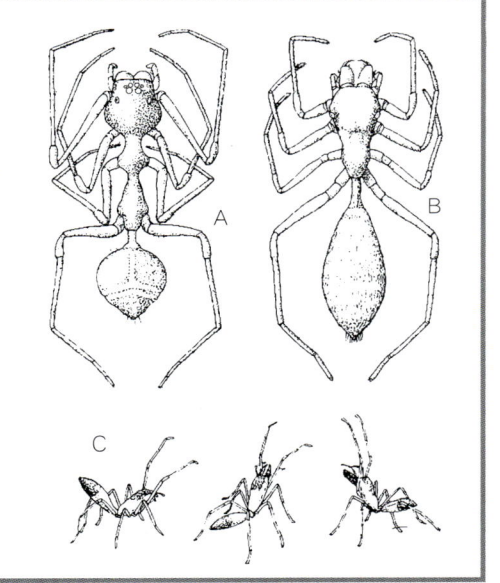

蛛网的特殊用途

部分蜘蛛为了捕猎，会使蛛网的用途变得非常特殊。例如，织布蛛属的某些蜘蛛仅用几根蛛丝就能将自己悬挂在高处；而乳突蛛属的蜘蛛甚至可以"发射"一种黏丝，攻击飞行中的昆虫。

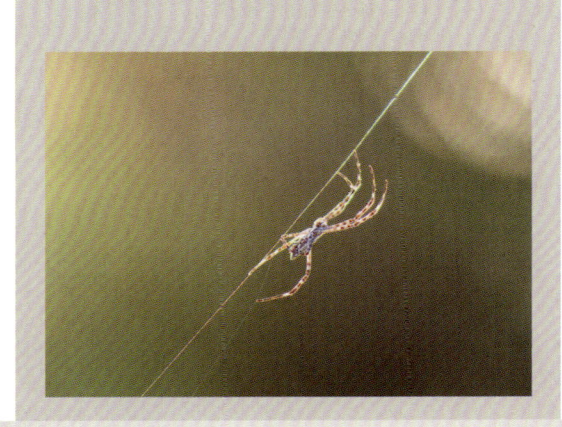

当捕食者变成猎物

要是没有逃脱天敌视线的策略，生活在沙漠等开阔地带的蜘蛛就会极明显地暴露在天敌（蜥蜴、鸟类和哺乳动物）的攻击范围之内。因此，隐蔽拟态，即具备利用体色与环境相近的优势迷惑敌人的能力非常必要。花岗岩或沙地的颜色多为粉色到灰白色，甚至是暗黑色。在这类环境中生活的蜘蛛拥有与环境完全相同的体色，身体的颗粒感也与地表完全相同。蜘蛛所采用的防御方法还有自行切断被敌人抓住的附肢。这种断肢行为完全自愿且无痛，发生在蜘蛛的解剖学断裂点上，位于腹部与步足之间。断肢处可自行再长新肢。

133

水蜘蛛
Argyroneta aquatica

目：蜘蛛目
科：并齿蛛科
体长：8~15厘米

分布：欧亚大陆、非洲北部

水蜘蛛分布于欧亚大陆和非洲北部，生活在湖泊和水面平静、植物丰富的池塘中；在意大利境内有分布，但基于其水生习性，难以观察到。水蜘蛛是唯一会游泳的蜘蛛，它能够不需任何固体支撑，就在水体表面自由活动。雄蛛的体型比雌蛛大，这是蜘蛛目中少有的情况。

为了能在水下生存，水蜘蛛将蛛丝编织成类似喇叭状，作为住所，水无法进入其内部。由于腹部具有绒毛，水蜘蛛能够从水面抓取和运输小型气泡到自己的水下住所中。水蜘蛛会在夜间外出寻找小型无脊椎动物作为食物。

"婚礼"通道

多亏了水蜘蛛能在水下住所中储存空气，它的整个生命过程，包括与同属物种的往来，才得以在水下进行。这种特殊的"潜水衣"在交配时也显得十分必要。雄蛛在雌蛛的住所旁边筑造一个小的丝洞，之后雄蛛用一条通道将两个地点连接起来。交配后，雌蛛可产下30～70颗受精卵。

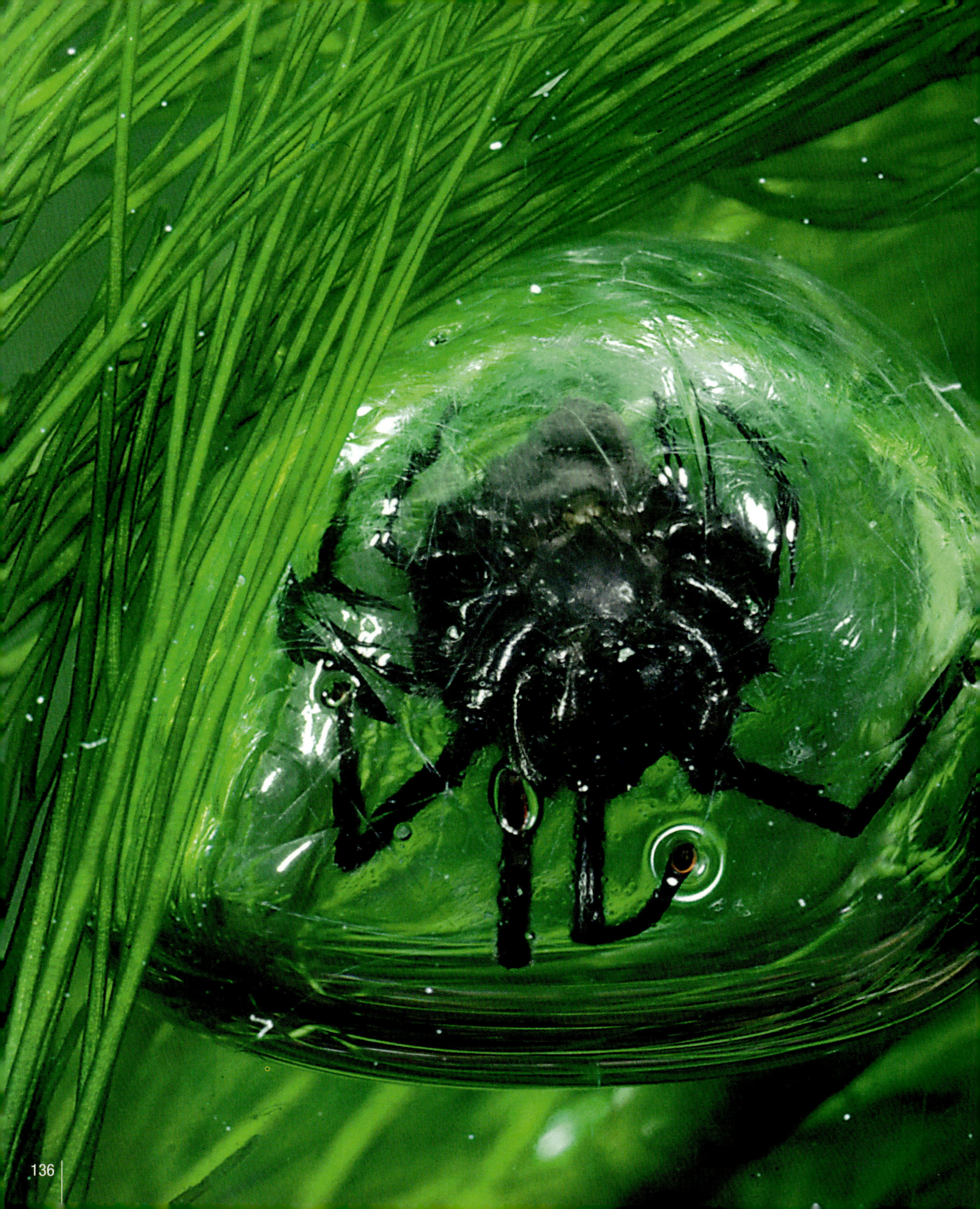

水蜘蛛实际上生活在水下的气泡中。水蜘蛛的蛛网并不是捕捉猎物的陷阱，而是真正的住所，像一个包裹而成的蛛丝壳，里面装满了小气泡，这些气泡都是水蜘蛛利用身上的绒毛从水面带到水下的。

盲蛛
Phalangium opilio

目:	盲蛛目
科:	长奇盲蛛科
体长:	5~8毫米
分布:	温带地区

盲蛛分布于所有温带地区，在意大利十分常见，主要生活在田地中和人类居所内。它身体细长，腹部狭长；步足极长（约5厘米），无钩握力。盲蛛目成员均无毒腺和丝腺，为游走型蜘蛛。盲蛛生性温和，如果受到威胁，会立即逃跑或保持步足不动，剧烈振动身体；要是被敌人抓住步足，盲蛛会切断附肢，附肢即使离开身体，也会长时间摆动，使敌人分心。盲蛛以各种有机物为食。盲蛛实行直接繁殖，而不像蜘蛛目动物那样通过精荚完成受精过程。

盲蛛科
Opilionidae

目:	盲蛛目
科:	盲蛛科
体长:	6~7毫米
分布:	热带、温带地区

盲蛛科动物可通过其长步足和无丝腺与蜘蛛目动物区分开来。盲蛛科动物体型小，呈球状，无明显的前体与后体之分。它们的步伐庄重优雅，步足柔软，不紧不慢地移动，而身体则高高在上，如同被弹簧支撑着。因此，盲蛛科动物还被称为芭蕾蜘蛛。墙盲蛛的身体呈棕灰色，生活在植物上或人类居所中，无螯肢；眼睛两边有两个分泌酸味物质的腺体，有防御功能；无毒腺。

整个盲蛛科中最重要的物种是巨盲蛛，仅分布在阿尔卑斯山脉和比利牛斯山脉地区。

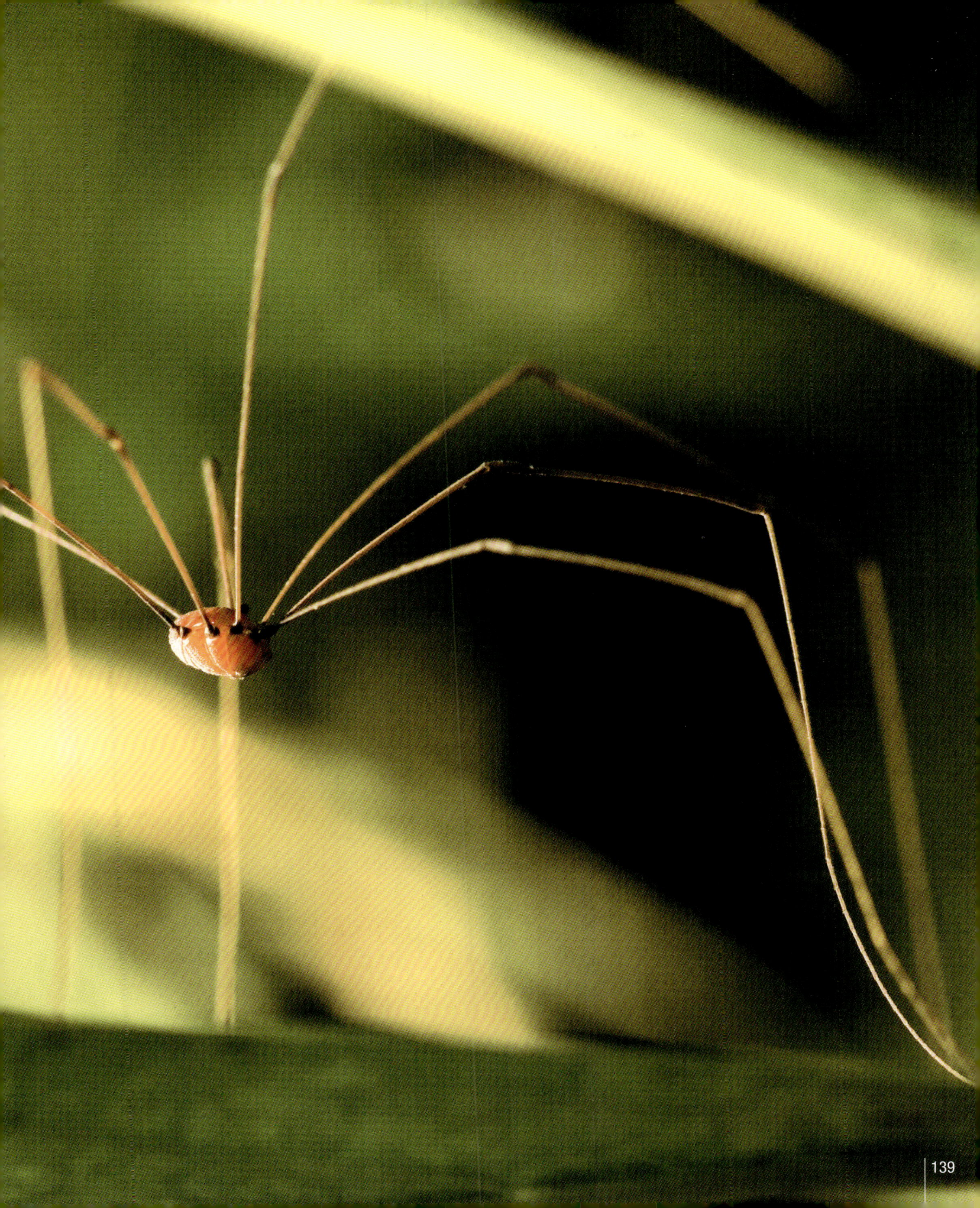

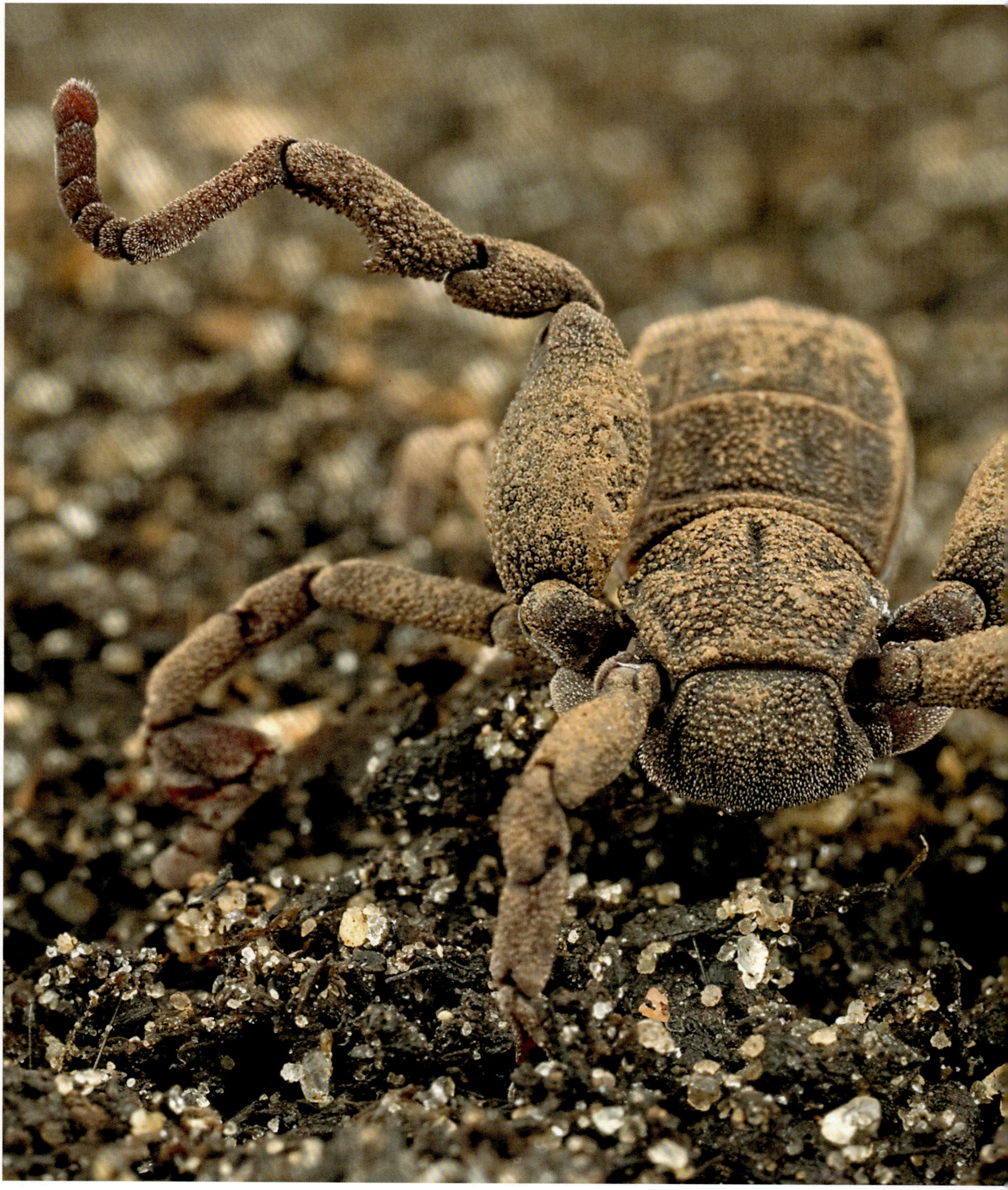

节腹蛛属
Ricinoides

目：	节腹目
科：	节腹蛛科
体长：	0.5~1厘米
分布：	非洲西部

节腹蛛属的成员分布于非洲西部，属于节腹目。它们体型小，生活在热带雨林的沃土和枯叶垫草中。节腹蛛的前体完全由背甲覆盖，向前延伸，形似帽子，无眼；螯肢分为两节，均为螯状；须肢较小，末端也为螯状；后体由9个体节构成，互相连接，仅有4节较为明显。

节腹蛛捕食白蚁和昆虫幼虫，一般以小型节肢动物或其他无脊椎动物为食。幼蛛有6只步足，最具代表性的物种是嘎氏节腹蛛。

须脚目
Palpigrada

目：	须脚目
体长：	0.6~3毫米
分布：	全世界

须脚目的物种繁多，除了极地地区，在全世界均有分布，生活在深陷的岩石和洞穴内。为适应地下的生活，它们的眼睛退化了，看不见任何东西。其体型非常小，螯肢强劲，由3段构成；须肢形似步足；后体有一条由15个体节构成的"尾巴"。使用须肢移动是须脚目动物的典型特征，而第一对步足则有触觉的功能。最具代表性的物种为新须脚属动物，如龙须脚、格氏新须脚、西班牙新须脚、奇异新须脚，以及迟须脚属动物。

聚焦

丝质建筑

蛛网

蛛网的形状各异，有扁平的、不规则形状的、三角形的或盘状的，还有三维的、圆顶的或漏斗状的，所有的蛛网都是由相对紧密的蛛丝构成的，其形状多是某一科蜘蛛特有的，或是某些蜘蛛独有的。另外，蛛网可由干丝和黏丝构成，干丝是蜘蛛的行走线路，黏丝则是为捕捉猎物而准备的。蛛网网眼的大小是与蜘蛛步足的长短成比例的，也反映了蜘蛛要捕捉的猎物的大小。尽管蛛网的韧性很强，但并不能永久使用，当蛛网的黏性消失后，蜘蛛就会抛弃旧网，另造新网，或仅是替换失效的蛛丝，有时会将旧蛛丝吃掉。为了能够快速在蛛网上移动，蜘蛛步足的末端长有蛛毛和倒钩。

陷阱是如何诞生的

制作蛛网是蜘蛛天生的技能。这些纤细而致命的陷阱是根据特定规则和模式编织的，这些规则和模式深深地植根在每种蜘蛛的基因中。下面的图片为我们展示了蜘蛛目露天蛛网的制作过程。

1. 蜘蛛先从高处吐出定位的蛛丝，当风把其带至另一处合适的支撑点后，把蛛丝固定到这个支撑点上。

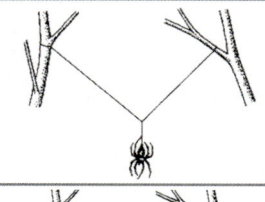

2. 蜘蛛来到第一根蛛丝大约中间的位置，吐出第二根蛛丝，在此悬挂在空中并移动到低处的支撑点或地面上。

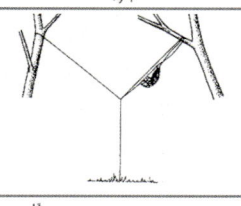

3. 蜘蛛将第二根蛛丝固定到地面上，与前两根一起形成一个如图的结构。

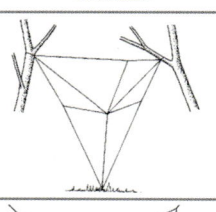

4. 蜘蛛慢慢添加其他方向的蛛丝，形成蛛网的初步框架。

5. 蜘蛛从中间向边缘进发，编织临时的螺旋结构（所谓的螺旋辅助线），蛛丝稀松而质地坚韧，用于之后填补空缺时作为支撑；再从边缘向内部继续编织，用的是更细、更有黏性的蛛丝，此时，蜘蛛摧毁（一般会吃掉）之前的螺旋辅助线。

吐丝器

蛛丝是由部分分化的附肢生产出来的，这类附肢称为吐丝器，位于蜘蛛的腹部下侧。吐丝器一般有6个，但相对原始的蜘蛛物种则最多有8个，其中2个进一步分化形成新的结构，称为卷丝器，用于将吐出的蛛丝分离、分向。这些附肢是可以移动的，每个附肢都有分泌丝浆的腺体（称为丝腺，是形成蛛丝的重要器官）出口，位于腹部内部。丝腺一般很大，数量和结构有所不同，根据用途的不同可以分泌不同性质的蛛丝。各种蜘蛛的蛛丝的化学成分大不相同，蛛丝刚形成时黏性较大，之后韧性和弹性极大。我们看到的蛛丝并非一根，而是由几根极细的蛛丝组成的。同一只蜘蛛可将不同丝腺分泌的蛛丝拧成一股，一股蛛丝的蛛丝数量不定。

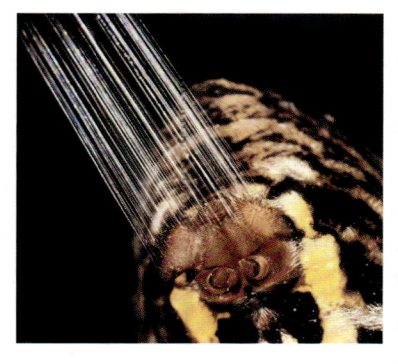

坚固的蛛网

金蛛属（Argiope）蜘蛛编织坚固的近圆形的蛛网，在蛛网上一般会有一个互相垂直的或之字形的装饰图案，又称稳定丝带。蛛网的直径可达30厘米。

左图：黄斑金蛛（Argiope aurantia）。

沟通网

织网的蜘蛛感知蛛网震动的能力很强，此时蛛网几乎成为蜘蛛身体的一部分，即使是蛛网上极微小的抖动，蜘蛛也能感受到。这揭示了蜘蛛与周围环境和同类之间的紧密联系。许多种类的雄蛛能够以特定的频率和强度拨动蛛丝，这与猎物撞到蛛网的无序频率大不相同。这种特殊的震动方式就是为了告诉雌蛛它们的存在。

下图：横纹金蛛（Argiope bruennichi）。

多功能的蛛丝

蛛丝的作用并不局限于制作蛛网，利用蛛网作为捕猎工具仅仅是某些科的蜘蛛的特点。对于大多数蜘蛛来说，蛛网的最大用途是用来编织保护受精卵的丝茧，比如欧洲洞穴蜘蛛（Meta menard，见右图）。

蛛丝还可用于充当"安全绳"，这在蜘蛛的活动中扮演了十分重要的角色。即使是最爱游荡的蜘蛛也会在沿途"埋下"蛛丝，以使它们能够越过大型障碍，在大多数危险境况下得以幸存。金蛛科和球蛛科蜘蛛一旦感知到危险，就会沿蛛丝迅速落到地面上，待危险过后再用相同的速度回到原来的位置。

另外，蛛丝还能用于建造冬眠的巢穴和编织飞丝，小型蜘蛛和幼蛛利用这种蛛丝随风分散到其他地点，甚至是很远的地方（人们曾经在距海岸几百千米的海面上观察到空中的蜘蛛）。对许多科的蜘蛛来说，蛛丝是用来建造临时或永久庇护所的，有时用于装饰土壤中挖掘的隧道，有时其本身就是巢穴的一部分。

巢穴通常也有着陷阱的作用，一张布局紧密、黏性极大的蛛网可缠住不小心撞上来的昆虫。

143

右图：黑寡妇。即使体长仅为几毫米，体重仅为1克，它也是目前人类所知的毒性最强的蜘蛛之一。

下图：一只专心结网的蜘蛛。

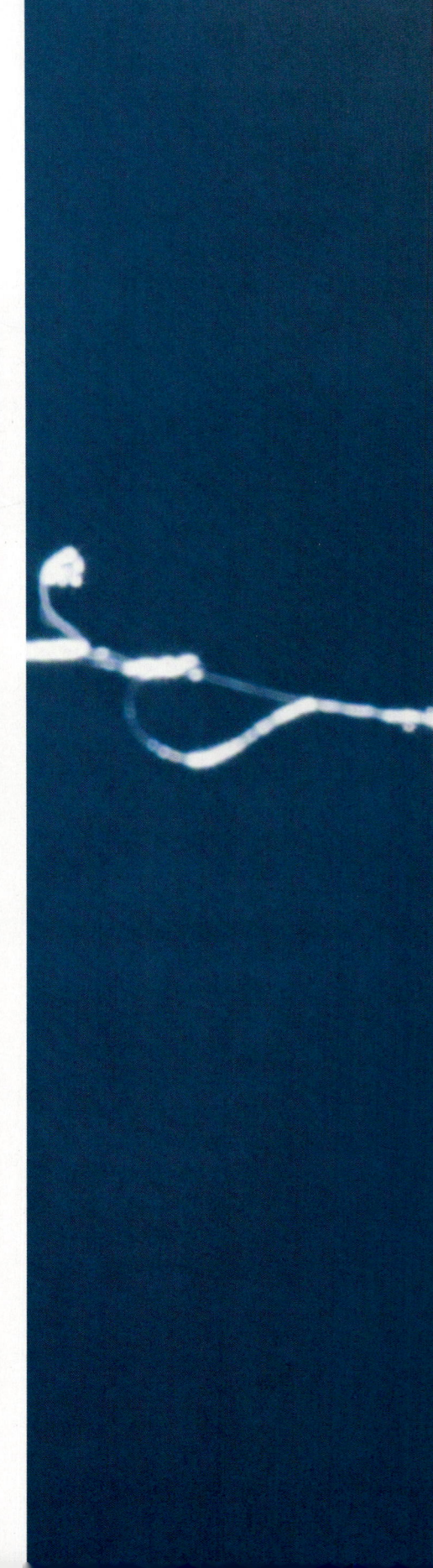

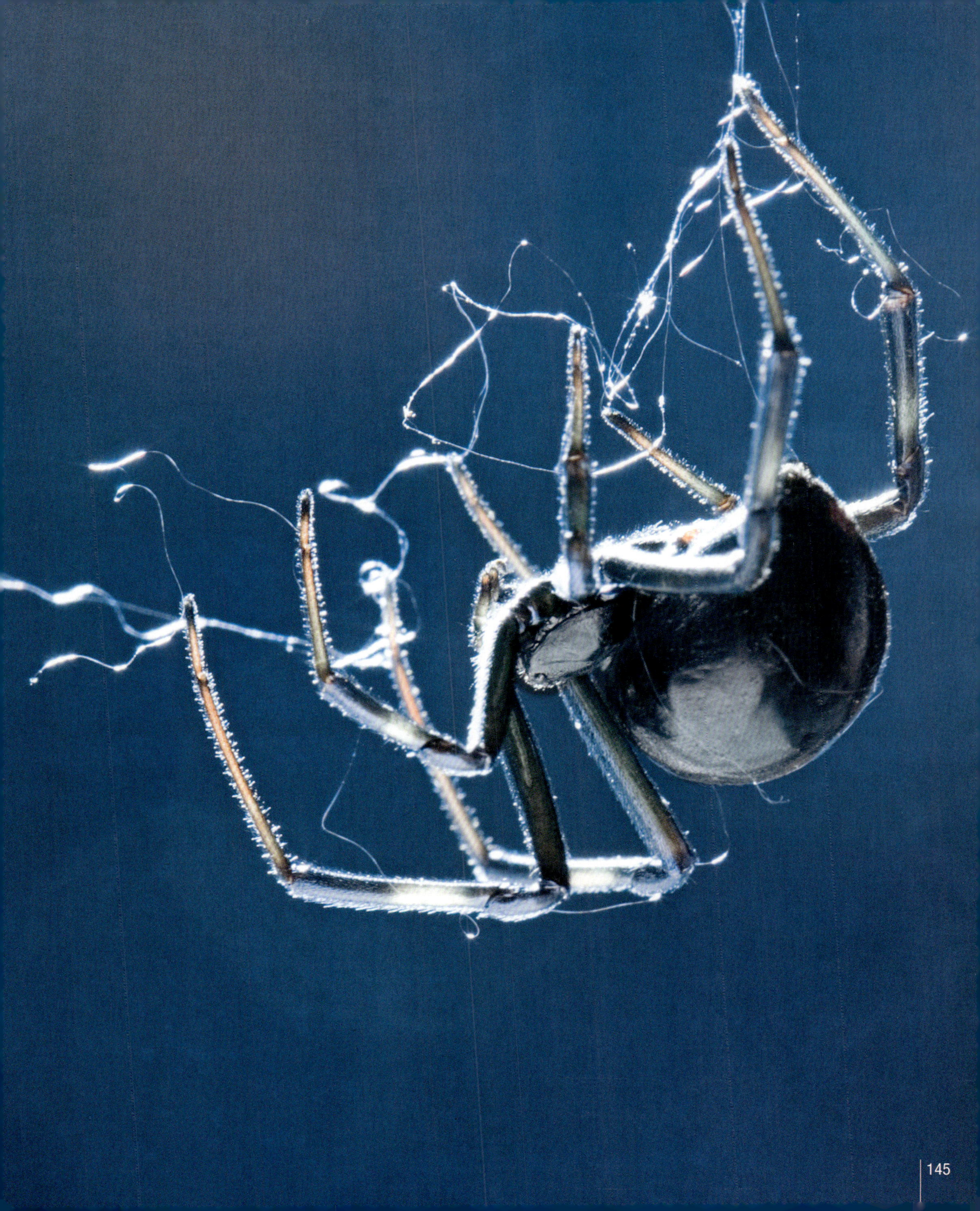

聚焦

死亡之吻

蜘蛛的毒素

一般来说，蜘蛛是攻击性很强的捕食者。除了妩蛛科物种，所有蜘蛛目的成员均具有毒腺。当蜘蛛抓住猎物时，它们用其强劲的须肢（具有感觉或交配功能的附肢）麻痹猎物，之后再用螯肢（分化的附肢，末端形似尖指甲）啃咬。毒液中的毒素只有通过啃咬注入猎物的血液才能起效，如果只是为了消化猎物则毒素没有任何作用。

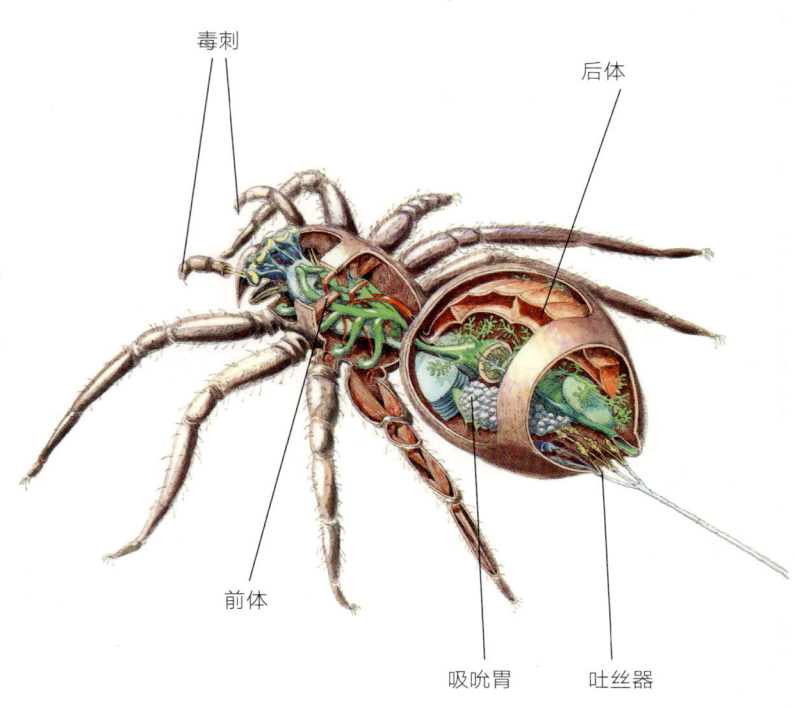

毒刺 — 后体 — 前体 — 吸吮胃 — 吐丝器

毒器的解剖学特征

蜘蛛的螯肢，由两部分构成，一部分为基部，大而粗；另一部分为末部（距身体最远的部分），像爪子一般，当蜘蛛休息时，会将其折叠进螯肢基部下方的凹槽中。毒腺就位于螯肢的末端，当毒腺体积较大时，还会从螯肢深入前体（蜘蛛头部和胸部结合的部分）。螯肢内有一根从毒腺出发的导管，一直延伸到螯肢的末端，直至螯牙的开口处。蜘蛛是所有蛛形纲动物中唯一在此处拥有毒腺的动物。蜘蛛释放毒液的过程与蝎子相同：控制毒腺的肌肉收缩，当推动毒液的压力足够大时，毒液就被注射到猎物体内。蜘蛛的毒液是几乎无色的液体，有黏性，因物种的不同，其成分也有所区别。

最可怕的蜘蛛

野栉足蛛和黑腹栉足蛛

这两种蜘蛛均为南美洲的物种，体型巨大。其毒液含有神经毒素，可造成相当疼痛的身体抽搐和肌肉痉挛，在最严重的情况下，可导致心脏停搏而死亡。

巴西狼蛛（Lycosa raptoria）

原产于南美洲的巴西狼蛛的毒液可导致组织坏死，毒素从咬伤处缓慢扩散，导致伤口难以愈合。

黑寡妇（Latrodectus mactans）

黑寡妇每年都会使不少人死亡。除了被其咬伤后的高致死率，黑寡妇还因蚕食同类而臭名远扬——交配完成后，雌蛛通常会残忍地吞食自己的伴侣。意大利有类似习性的物种为间斑寇蛛（Latrodectus tredecimguttatus），其危险性较小，被其咬伤引发的死亡案例极少。

雪梨漏斗网蜘蛛（Atrax robustus）

雪梨漏斗网蜘蛛分布在澳大利亚，可释放神经毒素，成人被其咬伤后会在15分钟至3日内因严重的低血压而死亡，婴幼儿的死亡速度更快，死因为肺气肿。

毒性强

蜘蛛的毒液与其他动物的毒液十分相似，一般通过两种方式发挥作用：通过神经毒素导致神经系统紊乱（痉挛、抽搐和大面积疼痛）；通过红细胞溶解（摧毁血细胞）使咬伤处组织坏死。某些蜘蛛甚至拥有混合型毒液。对节肢动物来说，蜘蛛的毒液毒性极强，它们是蜘蛛的主要猎物。蜘蛛的毒液也能对爬行动物、两栖动物、鱼类、鸟类和哺乳动物发挥作用。

横纹金蛛

何时对人类构成危险

在蜘蛛目的几万个成员中，仅有一部分会对人类构成危险，大部分是无害的。另外，大部分蜘蛛的啃咬出于自我防卫的本能，仅在受到威胁时才发起攻击，但能够杀死人类的物种也是存在的。影响蜘蛛危险性程度的因素很多，一般来说（但并不是绝对的），蜘蛛的体型（体型越大，穿透人类皮肤的力量越大）和毒腺的大小（能够注射的毒液量与其呈正比）都很重要。还有一个重要因素是与人类相关的：毒液对老年人、婴幼儿或过敏个体所造成的影响显然要比对一个健康的成年人要严重得多。咬伤的部位也会影响毒液的致毒效果，比如颈部的咬伤就十分危险，因为毒素可以快速进入人类的循环系统。

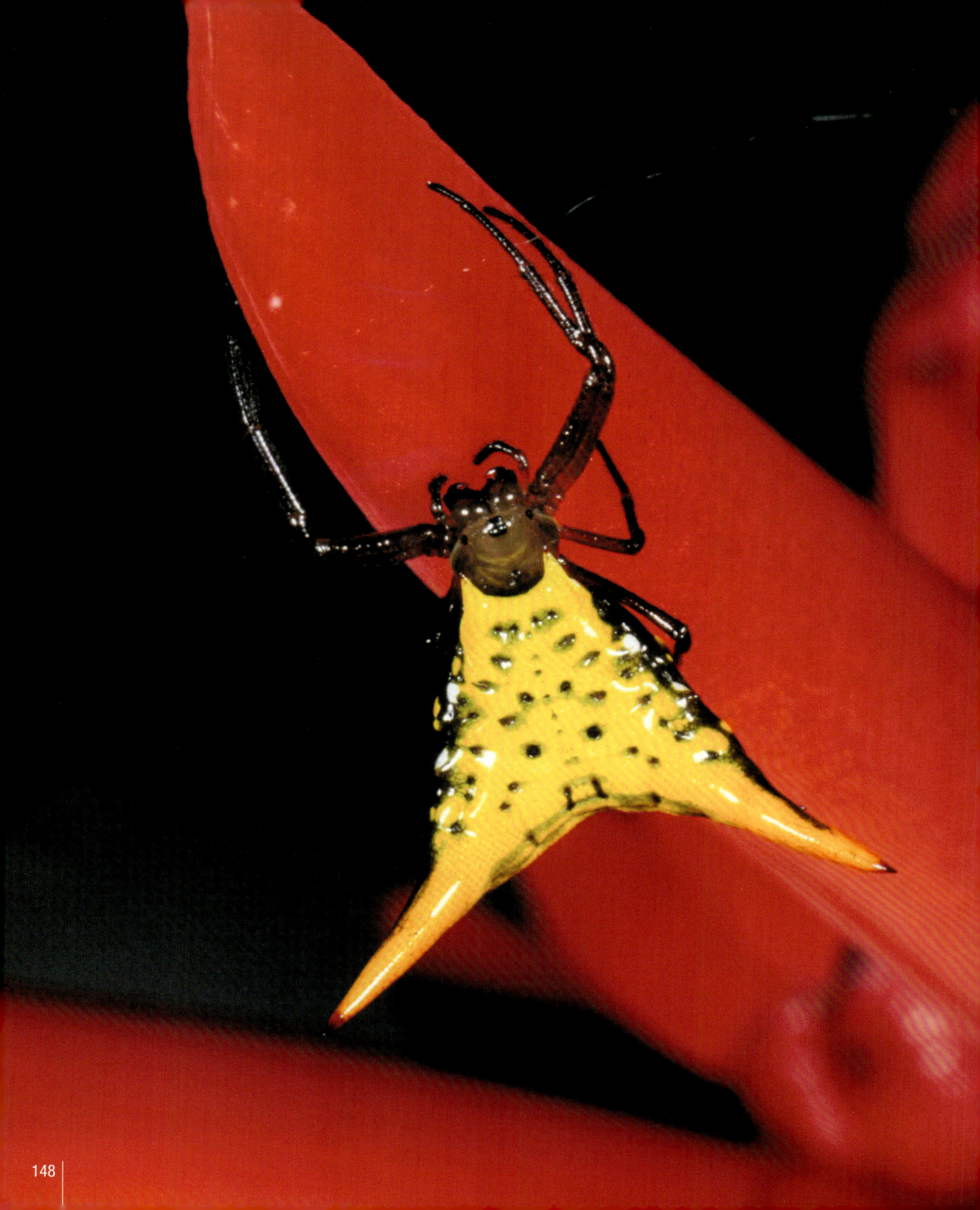

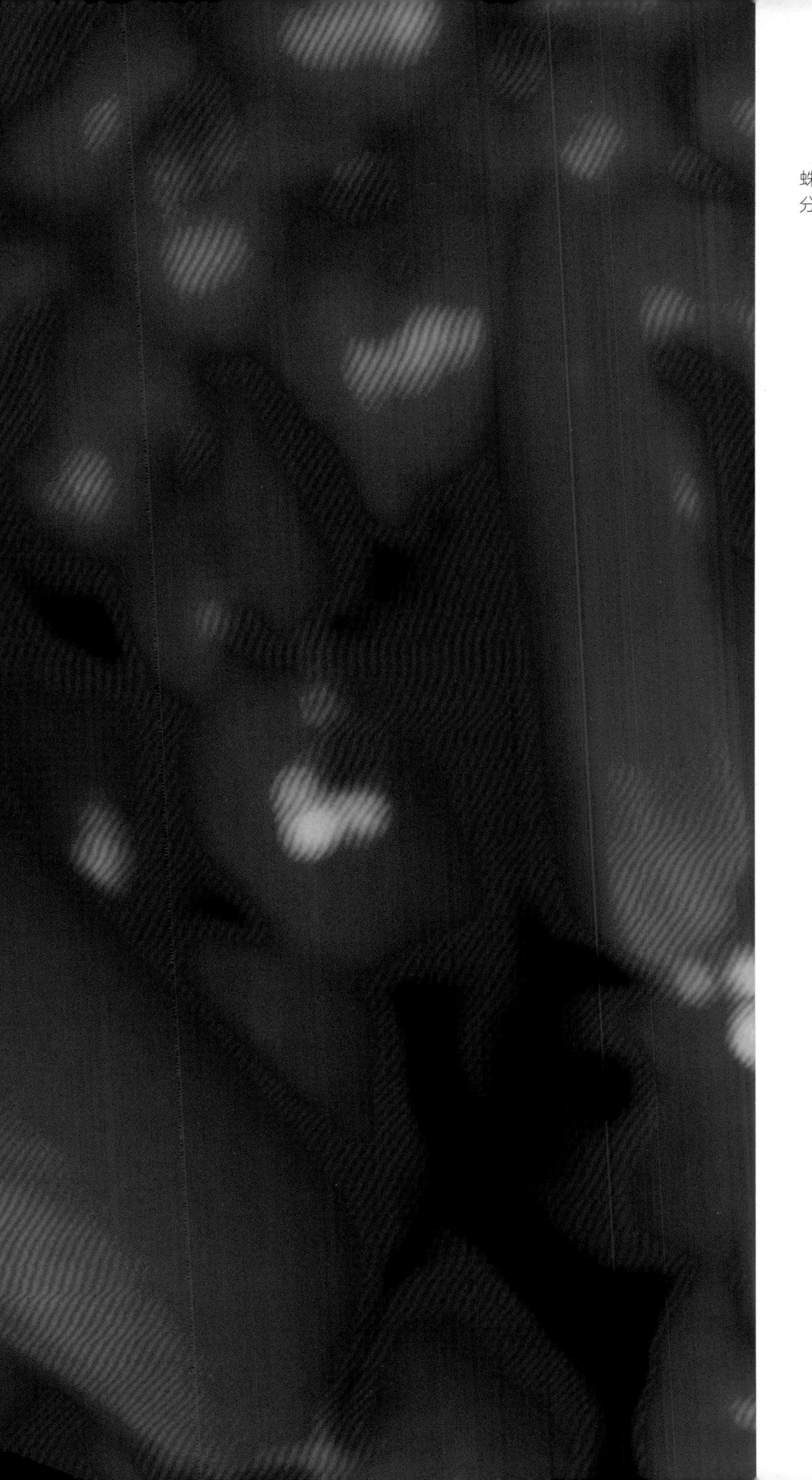

一只棘腹蛛属（Micrathena）蜘蛛。棘腹蛛属包括几百个物种，主要分布在北美洲南部和南美洲。

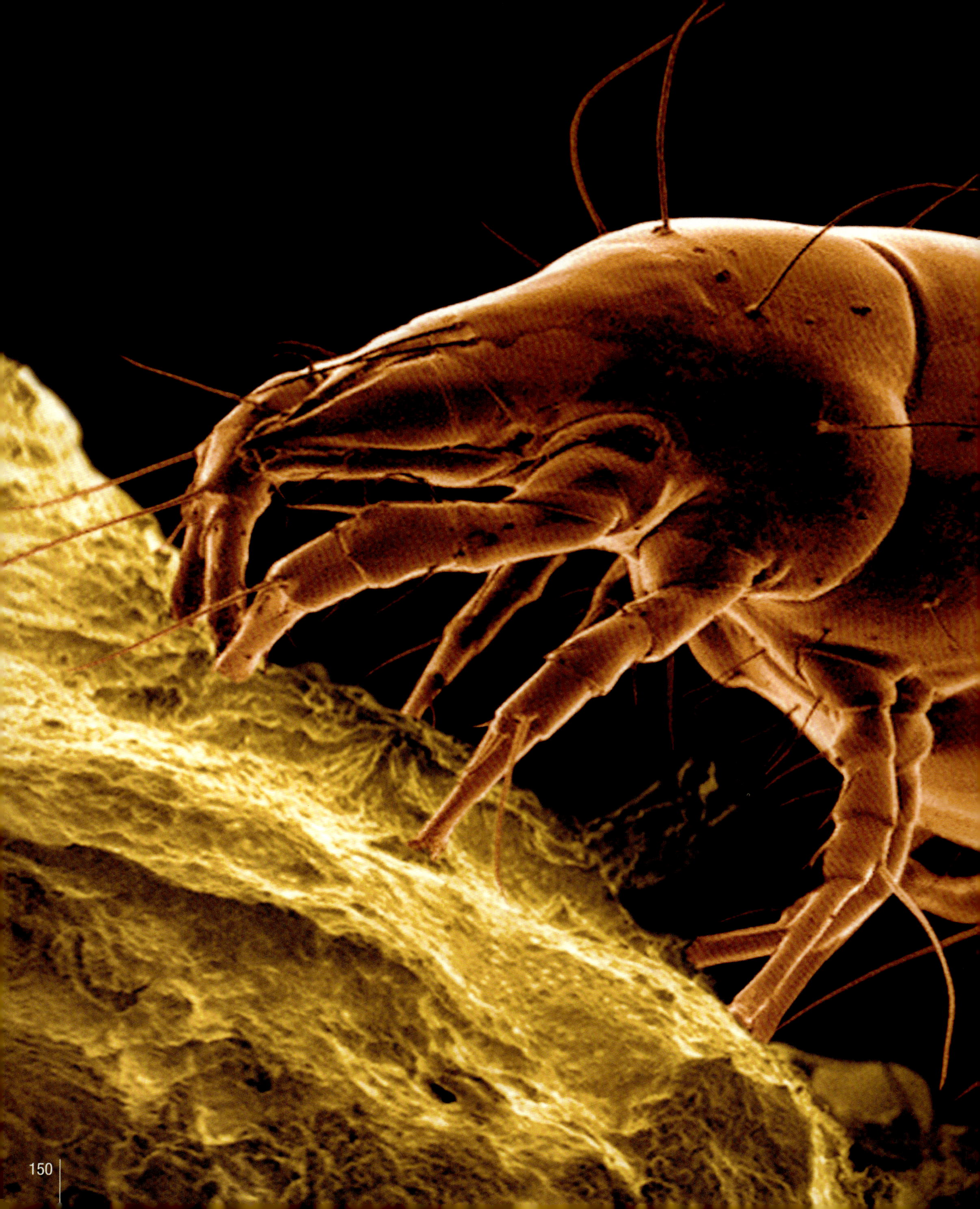

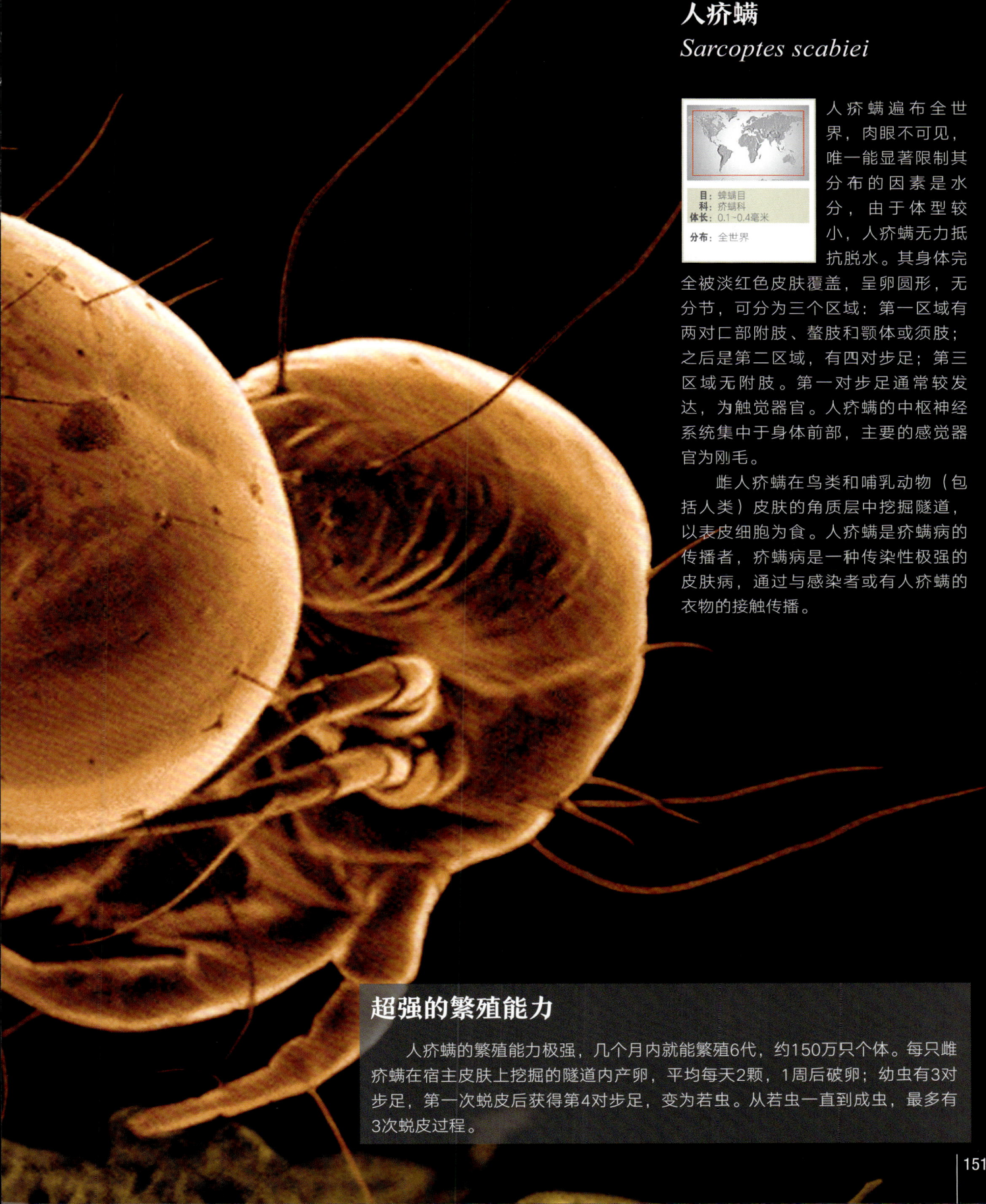

人疥螨
Sarcoptes scabiei

目：蜱螨目
科：疥螨科
体长：0.1~0.4毫米

分布：全世界

人疥螨遍布全世界，肉眼不可见，唯一能显著限制其分布的因素是水分，由于体型较小，人疥螨无力抵抗脱水。其身体完全被淡红色皮肤覆盖，呈卵圆形，无分节，可分为三个区域：第一区域有两对厂部附肢、螯肢和颚体或须肢；之后是第二区域，有四对步足；第三区域无附肢。第一对步足通常较发达，为触觉器官。人疥螨的中枢神经系统集中于身体前部，主要的感觉器官为刚毛。

雌人疥螨在鸟类和哺乳动物（包括人类）皮肤的角质层中挖掘隧道，以表皮细胞为食。人疥螨是疥螨病的传播者，疥螨病是一种传染性极强的皮肤病，通过与感染者或有人疥螨的衣物的接触传播。

超强的繁殖能力

人疥螨的繁殖能力极强，几个月内就能繁殖6代，约150万只个体。每只雌疥螨在宿主皮肤上挖掘的隧道内产卵，平均每天2颗，1周后破卵；幼虫有3对步足，第一次蜕皮后获得第4对步足，变为若虫。从若虫一直到成虫，最多有3次蜕皮过程。

水螨
Hydrachna globosa

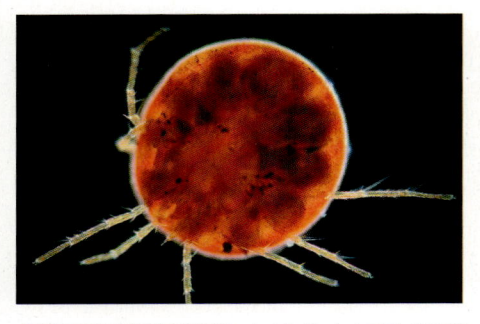

水螨分布于欧洲西部，常见于静水水域（淡水、咸水或温泉水），对热的耐受性强。它体型小，身体呈近球状，颜色鲜艳，呈猩红色。其步足具鬃毛，用于在液体环境中推进；尽管如此，相较于海螨，水螨并不算游泳能手。水螨基本为肉食性的。

目：蜱螨目
科：水螨科
体长：2~4毫米
分布：欧洲西部

鸟螨
Dermanyssus gallinae

鸟螨是家禽和哺乳动物的寄生虫，有时可转移到人类身上。鸟螨是世界性分布的动物，身体呈淡白色，吸足血后变为红色。鸟螨的螯肢与身体相比很长，最长可达0.5毫米，是从宿主毛细血管吸血的工具，吸血后其体长可达2毫米。

鸟螨大多数时间躲藏在饲料槽或鸡窝的灰尘下，仅在夜间爬上宿主的身体吸血，引起宿主瘙痒和紧张，会影响蛋鸡的产蛋量。这种寄生虫是病毒性脑炎的传播媒介，对人类构成潜在的危险。

其他常见的螨类有虱形螨（Pediculoides ventricosus），以麦蛾的幼虫为食；食酪螨（Tyroglyphus casei）生活在奶酪中，有时也出现在谷物和湿面粉上。

目：蜱螨目
科：皮刺科
体长：0.6~0.7毫米
分布：全世界

沙螨科
Trombiculidae

沙螨科下有约3000种螨虫，几乎在全世界范围内都有分布，可在动物的巢穴中或身体上观察到它们。沙螨科动物是脊椎动物的外部寄生虫，包括人类，可引发皮肤病，是多种严重传染病的传播媒介。其身体分为两部分，有鲜红色细绒毛。雌螨在湿润土壤上产卵，幼虫爬上草尖，等待过路的宿主。它们利用锯齿状的螯肢，可轻松穿透宿主的皮肤，以其体液和组织为食。幼虫成熟时，从宿主身上落下，开始捕猎小型节肢动物。

沙螨科最具代表性的属有新沙螨属（Neotrombicula）、多齿沙螨属（Acomatacarus）、钳齿螨属（Cheladonta）、犹沙螨属（Eutrombicula）、多毛沙螨属（Hirsutiella）和沙螨属（Trombicula）。

目：蜱螨目
科：沙螨科
体长：1~3毫米
分布：全世界

秋收恙螨
Neotrombicula autumnalis

秋收恙螨生活在欧洲炎热湿润的地区。如其他沙螨科动物一样，秋收恙螨的身体在一狭窄处分为两部分，有鲜红色细绒毛。成年秋收恙螨生活在植物上，以植物汁液或昆虫受精卵为食，幼虫则偶尔攻击人类和其他哺乳动物皮肤光滑的区域，以细胞废物为食（但从不吸血）。秋收恙螨用螯肢刺破攻击对象皮肤的角质层，并通过唾液溶解表皮。

目：蜱螨目
科：沙螨科
体长：0.1~0.2毫米
分布：欧洲

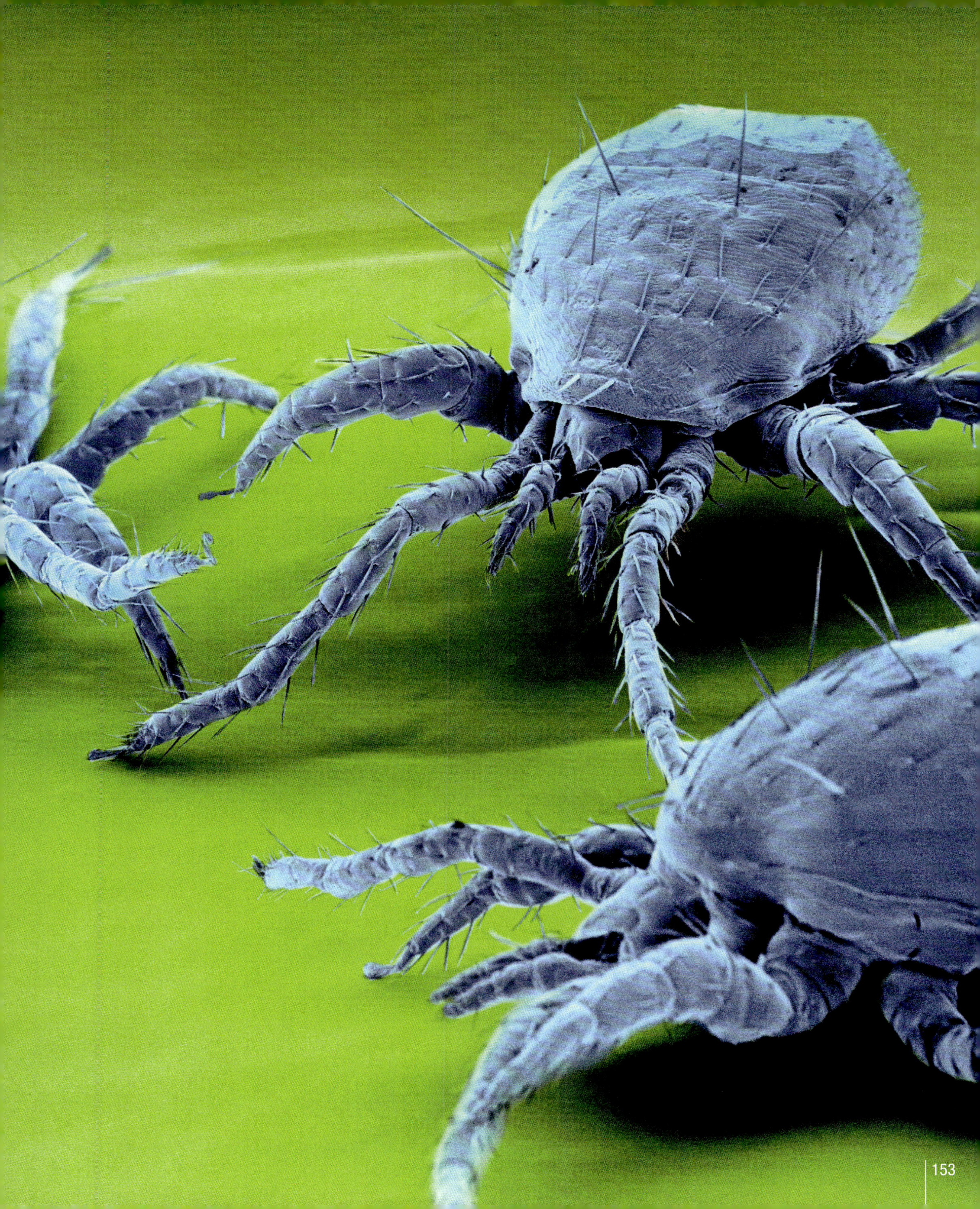

安氏革蜱
Dermacentor andersoni

目	蜱螨目
科	硬蜱科
体长	2~6毫米
分布	北美洲、南美洲

尽管安氏革蜱寄生在哺乳动物（包括人类）身上，但它实际上能够利用任何环境。安氏革蜱身体的大小和形状与欧洲的篦子硬蜱类似，呈褐色，背甲和步足上有银灰色装饰。安氏革蜱吸足血时，体长可达16毫米。雌蜱在交配后（一般为五月至六月）仍然以宿主的血液为食，之后离开宿主，到地面的植物上产下几千颗卵。幼虫有3对步足，出生后没多久就会爬到草尖上，等待攻击第一只靠近它的哺乳动物。安氏革蜱可向宿主（包括人类）传播立克次氏体（Rickettsia），这会导致落基山斑疹热。

波斯隐喙蜱
Argas persicus

目	蜱螨目
科	软蜱科
体长	2~2.3毫米
分布	热带和温带地区

波斯隐喙蜱寄生于鸡、鸽子和其他家禽的身上，可传播传染病，引发持续性高烧；在某些情况下可攻击人类，引发红疹，以及呼吸系统和循环系统感染。波斯隐喙蜱生活在所有热带和温带地区，尤喜湿度高的地方。波斯隐喙蜱能利用螯肢和须肢刺破宿主的表皮，在吸食血液的同时，将毒素裹挟唾液注入宿主体内。它吸血速度快、频率高。成熟的蜱可忍受长时间的饥饿。

翘缘锐缘蜱
Argas reflexus

目	蜱螨目
科	软蜱科
体长	2~2.3毫米
分布	欧洲

翘缘锐缘蜱是一种生活在欧洲城乡交界处的蜱虫。如其他软蜱科成员一样，翘缘锐缘蜱无壳质背甲，因此也被称为软蜱。翘缘锐缘蜱是鸡和鸽子的寄生虫，以宿主的血液为食。对于宿主来说，软蜱就是祸害，可以传播严重的细菌疾病，引发持续的高烧。对于人类来说，软蜱可引发红疹，严重时可导致过敏性休克。翘缘锐缘蜱以宿主血液中的蛋白质为主要营养来源，将吸收后的血液重新注入宿主体内，同时也将其自己的蛋白质注入了宿主体内，从而可能引发宿主的过敏反应。

翘缘锐缘蜱为夜行性动物，由于无法忍受阳光，它白天隐藏在墙壁和木头的缝隙中。它也在这些地方产卵，每次的产卵数量适中，但可经常性产卵。

篦子硬蜱
Ixodes ricinus

目	蜱螨目
科	硬蜱科
体长	1~8毫米
分布	欧洲

硬蜱科动物是蜱螨目中体型最大的，完全寄生于宿主身上，仅以宿主的血液为食，这使得硬蜱科动物成为多种严重传染病的媒介。

其中最有名的物种为篦子硬蜱，分布于欧洲海拔2000米以下的地区；喜阴暗潮湿的环境。雌蜱的体型比雄蜱大许多（雌蜱体长7~8毫米，雄蜱体长1~2毫米），吸足血时可像豌豆一般大。

篦子硬蜱，又称普通蜱虫，可感染犬类、绵羊、鹿和公牛（人类除外），传播牛巴贝斯虫（Babesia bovis），引发巴贝斯虫病。它可利用其特殊的口器，通过螯肢附着在宿主身体上；由于腹部皮肤弹性大，吸血后，腹部可变形膨胀，以便长时间储存食物，最长可达一年。

紧紧地附着……

一旦附着到宿主的皮肤上，蜱虫就会将喙插入宿主表皮吸食其血液，可在宿主身上附着几天，体积逐渐变大。许多蜱虫的唾液腺可分泌一种"巩固剂"，使其紧紧地附着在宿主身体上，所以很难轻易地将它们取下来。

篦子硬蜱爬上草茎，等待宿主经过时攻击它们。

聚焦

不速之客

螨虫和蜱虫

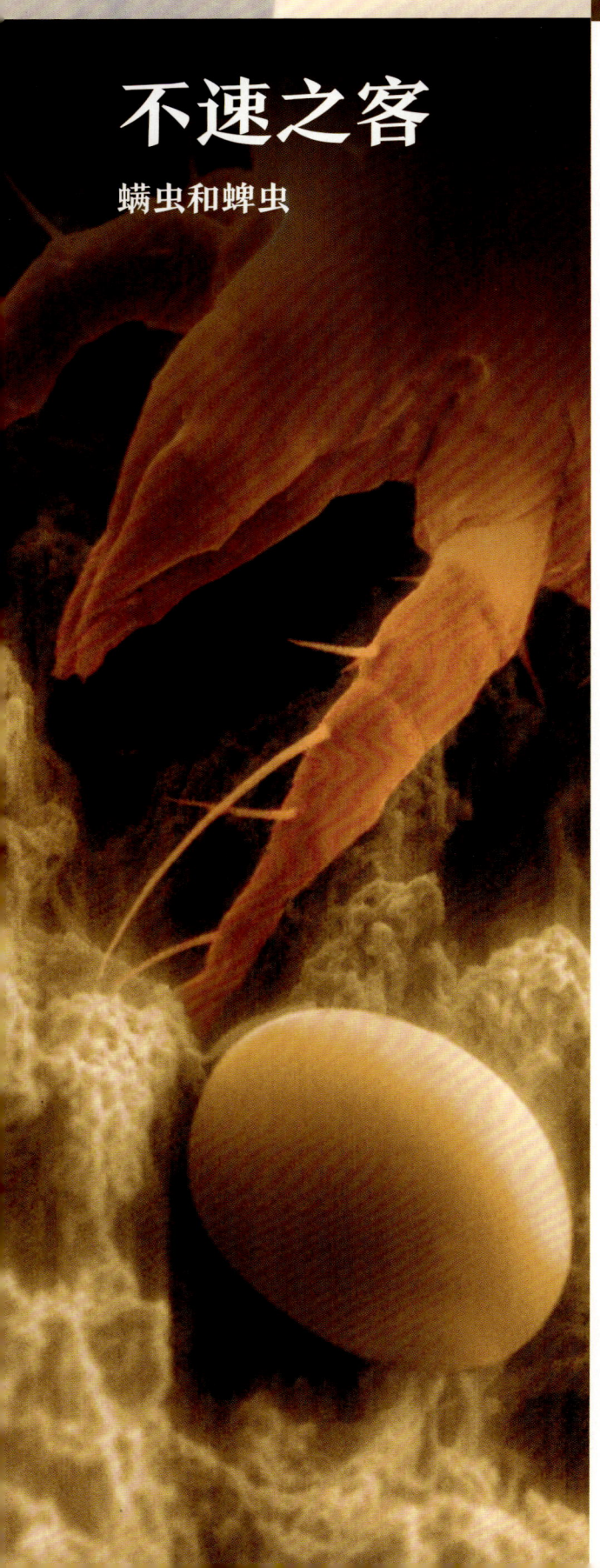

蜱螨目动物是动植物都希望躲避的一类动物，它们数量巨大，寄生在几乎所有的活体上。由于会影响粮食收成和储备、大批杀死家畜和家禽，它们对经济的负面影响极大。另外，还有一些物种的成虫非寄生虫，但其幼虫是寄生虫。从格陵兰岛到海底深处，再到土耳其斯坦总督区的海拔4500米地区的羊群身上，全世界的动植物都不敢说自己能幸免于蜱螨的侵扰。对于人类和宠物，蜱螨的危险性都很大，这种危险可以是直接的（如人疥螨）或间接的（疾病的媒介）。

可怕的小红蜘蛛

当居所环境过于干燥时，我们经常能在家中的植物上见到两三只小红蜘蛛，其啃咬可导致叶片变黄、脱落。其体型较大，肉眼可见，我们很容易就能在叶片下表面观察到它们。叶片先是出现无色的小点，之后变为黄白色的斑点，最后完全变黄，随后脱落；侵袭严重时，还可观察到白色的细丝。生物防治小红蜘蛛的方法是将石叶藻属（一种藻类）植物的粉末或岩石粉末涂于被感染的植物上。对于家中的植物，只要提高空气湿度，这些植物寄生虫自己就会离开。

令人恶心的蜱虫

篦子硬蜱、安氏革蜱和其他不怎么常见的蜱虫一般生活在草地和灌木丛中，等待过路的潜在受害者，特别是犬类和羊类，也包括其他哺乳动物，偶尔也攻击人类。其两次吸血相隔几个月，在这期间，蜱虫消化食物并完成蜕皮，发育至下一阶段，之后再次在草地上等待新的宿主。在蜱虫大规模侵袭的情况下，宿主可能会因失血过多而死亡。

危险的疾病媒介

蜱虫可向人类传播多种危险的疾病，如莱姆病、夏季蜱传脑炎、焦虫病、兔热病、马赛热和落基山斑疹热。受感染的雌虫可将致病菌传给所有后代，并按一定速度传播。值得注意的是，这些疾病仅感染人类（除了焦虫病，这是牛类疾病，但可以传给人类）和犬类。犬类虽然可携带蜱虫，但不是这些致病菌的传播媒介。幸运的是，这些疾病在意大利并不常见，虽然偶尔在乡间或采蘑菇时会遭到蜱虫的叮咬，但感染这些疾病的概率不是很高，但最好还是去看医生，采取合适的处理措施。

寄生性蜱螨目：数量庞大的家族

水螨科	家禽螨虫
硬蜱科	哺乳动物蜱虫
软蜱科	鸟类蜱虫（夜间吸食宿主血液）
跗线螨科	蜜蜂、水稻、燕麦和小麦螨虫（体型极小，仅在气温和湿度很高的条件下发育）
叶螨科	植物上的小红蜘蛛
蠕形螨科	毛囊螨虫
绒螨科	植物上的小红蜘蛛
疥螨科	人疥螨和传播动物疥癣的螨虫
瘿螨科	植物寄生虫（在叶片上表面制造气泡；体型小、白色、身体柔软）
痒螨科	哺乳动物寄生虫（狗耳螨、猫耳螨）

拥挤的"电车"

某些蜱螨在宿主的身上并不（只是）为了吸血，还把宿主当作交通工具，这样它们就能进入新的环境。右图是一群螨虫聚集在马蜂的腹部（马蜂的背部朝下）。

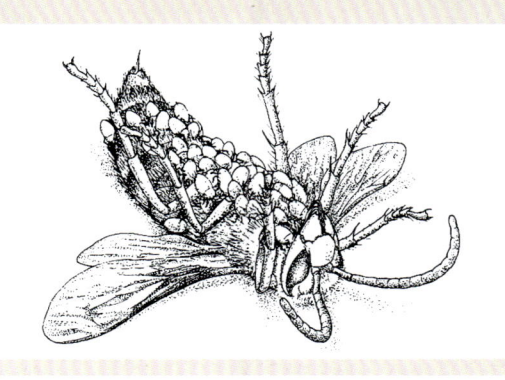

人类寄生虫

毛囊螨和人疥螨在卫生情况堪忧的地区十分普遍。毛囊螨（Demodex folliculorum）生活在人类的毛囊中，尤其是鼻子和眼睑附近，它在这里交配、繁殖。尽管它给人类带来的困扰无法与人疥螨相提并论，但也可算是不速之客。人疥螨要糟糕得多，主要寄生在婴幼儿和老年人身上，可经由感染个体与健康个体的直接接触迅速传播。还有其他动物（猫和狗）疥螨，但幸运的是，这类螨虫不会攻击人类。

蜜蜂的敌人

近几年，蜜蜂和蜂农最大的敌人正是一种螨虫——狄斯瓦螨（Varroa destructor），它能大批杀死蜜蜂，为农业经济带来不可估量的损失。这种螨虫仅在蜂巢中繁殖，附着在蜜蜂的身体上，吸食其血淋巴，削弱其抵抗力。另外，其叮咬可传播多种致死性疾病。若蜜蜂或蜂巢受到大量这种螨虫的侵袭，蜂群可面临灭亡的威胁，这一般发生在秋末和春初。对抗狄斯瓦螨，可于夏季和秋季使用特定的除螨剂，但效果并不总令人满意。

157

蝎鲎
Carcinoscorpius rotundicauda

目：	剑尾目
科：	鲎科
体长：	35~40厘米
分布：	孟加拉湾、马来西亚、菲律宾

蝎鲎分布在孟加拉湾、马来西亚和菲律宾的沙滩或淤泥中，形似马蹄，外表和习性与其他鲎科成员类似。其体表覆盖了一块深色的坚硬背甲，有5对步足，用于划水、步行和向口中递送食物（软体动物和无脊椎动物）。它在河流入海口处交配、繁殖，春季雌鲎在红树树根处产下几千颗卵，之后雄鲎才会去授精。约两周后，幼体破卵，需要几年的时间才能完全发育成熟。

巨鲎
Tachypleus gigas

目：	剑尾目
科：	鲎科
体长：	25~28厘米
分布：	亚洲东南部

巨鲎分布于日本至印度沿岸，生活在河流入海口附近，外形与美洲鲎相似，身体分为三个部分，覆盖有一块坚硬的深色背甲，形似马蹄；步足具刺，类似颌骨，用于抓取食物；尾节同身体其他部分一样长，尾节渐细，末端为尖刺状。它可向所有的方向移动，正因为如此，巨鲎即使腹部向上，也能迅速翻转过来。巨鲎以软体动物和其他小型生物为食，雌鲎在土壤的坑洞中产卵，之后雄鲎进行授精。

三刺鲎
Tachypleus tridentatus

目：	剑尾目
科：	鲎科
体长：	20~22厘米
分布：	亚洲东部

三刺鲎是亚洲的鲎类，生活在河流入海口的淤泥中，如今河流污染严重，使其栖息地受到极大的影响。其外表与其他鲎科成员相同，背甲呈深色；有1对螯肢、5对步足和6只鳃状附肢；尾节呈长刺状，与后体相连。三刺鲎多在中层水域游泳，背部朝上，用鳃状附肢划水，用步足在海底行走，利用尾刺和卷曲的前体钻入海底的泥中；以小型无脊椎动物和正在腐烂的有机质为食。

锄腹鲎
Tachypleus hoeveni

目：	剑尾目
科：	鲎科
体长：	20~22厘米
分布：	马鲁古群岛（印度尼西亚）

锄腹鲎生活在马鲁古群岛周围的泥沙中，与其他鲎科动物没有太大的不同。其身体扁平，具深色背甲；长尾节呈刺状，虽然形状特殊、移动性强，却并不是它的防御工具。锄腹鲎用5对步足在海底活动，薄片状附肢用于划水，还可吸收水中的氧气。春季，雄鲎和雌鲎来到沙滩上，雌鲎先在沙土中产卵，雄鲎紧接着使卵受精。

158

美洲鲎
Limulus polyphemus

目：	剑尾目
科：	鲎科
体长：	50~60厘米
分布：	北美洲南部的东海岸

剑尾目包括了肢口纲现存的独有物种。美洲鲎，又称马蹄蟹，生活在水深200米以上的水域，喜泥泞环境，分布在从北美洲南部东海岸、墨西哥湾到尤卡坦半岛的广大区域。

雄鲎的体型比雌鲎小，身体呈深色，分为三个部分。前体由一块背甲构成，下面有1对螯肢、5对步足和1对用于撕裂食物的附肢；中间部分较小，由一层背甲覆盖。两边有6对粗刺，纵向有6对分化的附肢，用作鳃或书鳃；后体为一根长长的尾刺，与前半部分身体相连。

美洲鲎喜钻入泥沙中，划水的方式也十分特别：首先将腹部朝上，再用身体后半部分的附肢划水。美洲鲎以无脊椎动物、藻类和有机碎屑为食。它实行两性繁殖，在春季繁殖期，成年鲎接近海边的沙滩，开始交配，雄鲎用第一对步足勾住雌鲎的背部，并在体外完成授精。

美洲鲎的最后一对步足具尖刺，展开呈伞状，使其既能在沙子中行走，又能在淤泥中挖掘、爬行。

绝佳的视力

美洲鲎的视力可以算是螯肢动物中的佼佼者，其他物种均无复眼。美洲鲎在背甲高处的两侧有2只复眼，主要用于定位同类；还有5只单眼，对可见光和紫外线都很敏感。美洲鲎整个眼部的感知能力根据大脑的信号不同而有所变化：位于尾刺上的感光器能够使它识别昼夜交替，提高其夜视能力，可实现放大近100万倍。

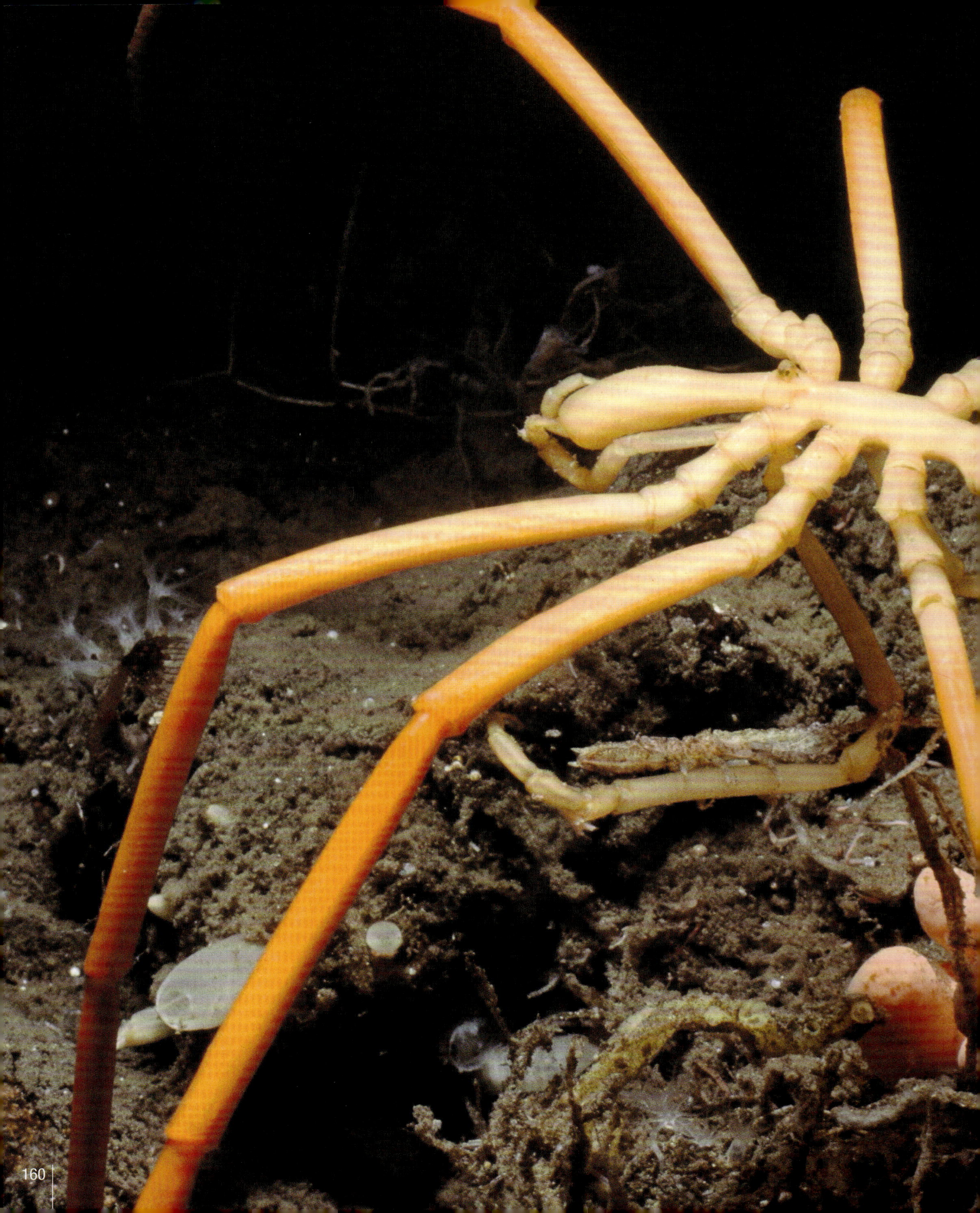

皆足纲
Pantopoda

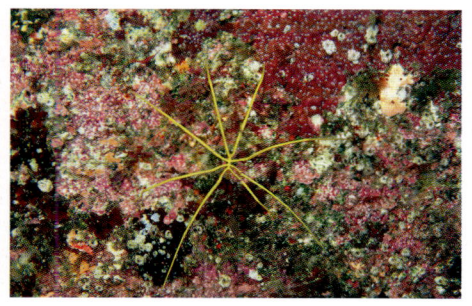

纲：皆足纲
体长：2~30毫米
分布：所有海域

皆足纲动物有近500种，由于其步足发达，俗称海蜘蛛。它们生活在全世界的海域中，从中层水域到深海均有分布，体型较大的个体多生活在冰冷的深水中，以小型软体动物、海绵、海葵和苔藓虫为食。一般来说，海蜘蛛的体长不会超过1厘米，身体纤薄，口器位于吻管的末端，4只眼睛位于背部的结节处。除2只螯肢（有时缺失）和2只前须肢外，海蜘蛛还有1对抱卵肢（受精卵存于此处，雄性的抱卵肢更为发达）和4~6对步行肢，与之相连的身体边缘有着明显的延伸。海蜘蛛通常颜色鲜艳，有时则是透明的，可透过薄薄的表皮窥见其心脏的跳动。

最具代表性的科有砂海蛛科（Ammotheidae）、澳海蛛科（Austrodecidae）、吻海蛛科（Endeidae）和丝海蛛科（Nymphonidae）。

睡蛛
Nymphon rubrum

纲：皆足纲
科：丝海蛛科
体长：4~4.5毫米
分布：欧洲北部、地中海

睡蛛生活在欧洲北部水深60米左右的海域，可在地中海中见到它的踪迹。睡蛛身体纤细、分节，口器位于吻管末端，腹部呈圆柱形；身体呈桃红色，通体具黑色条纹。睡蛛具有螯肢、须肢、抱卵肢（雌性和雄性均有）和比身体还长的爬行肢。皆足纲中还有结节海蜘蛛（Pycnogonum nodulosum），身体呈绿色，长几毫米，分布于那不勒斯湾附近的水域。

细丝海蜘蛛是众多海蜘蛛之一。它是独居的海洋动物，身体颜色取决于食物的种类，有时也与其生活的水层有很大关系。

163

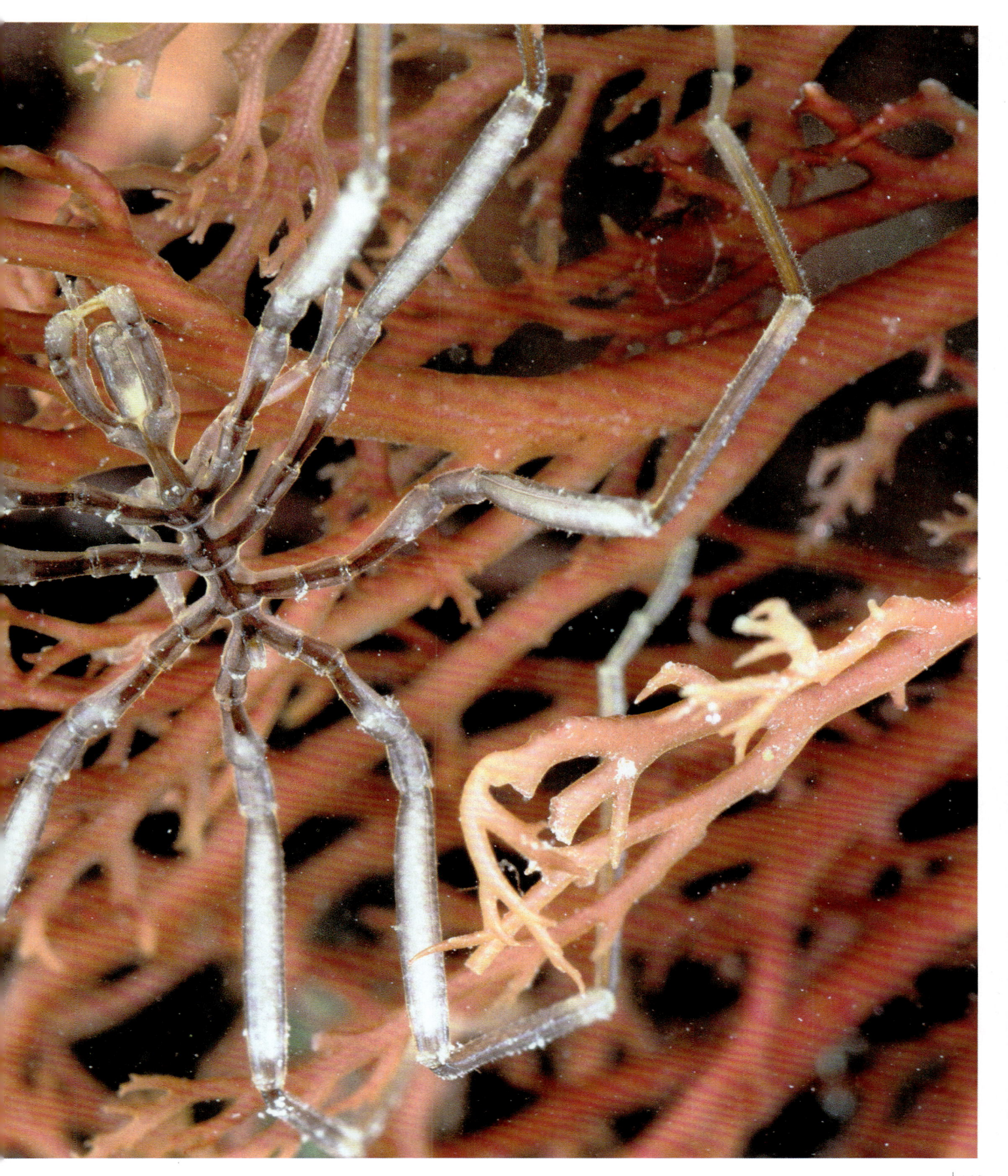

多足亚门

百足虫、千足虫

狭长而柔软的躯干、几十甚至上百对步足，这就是多足亚门动物的特征。它们体型虽小，但爬行和开掘的能力惊人，常见于裂缝和孔洞中，有时也可见于人类居所中。

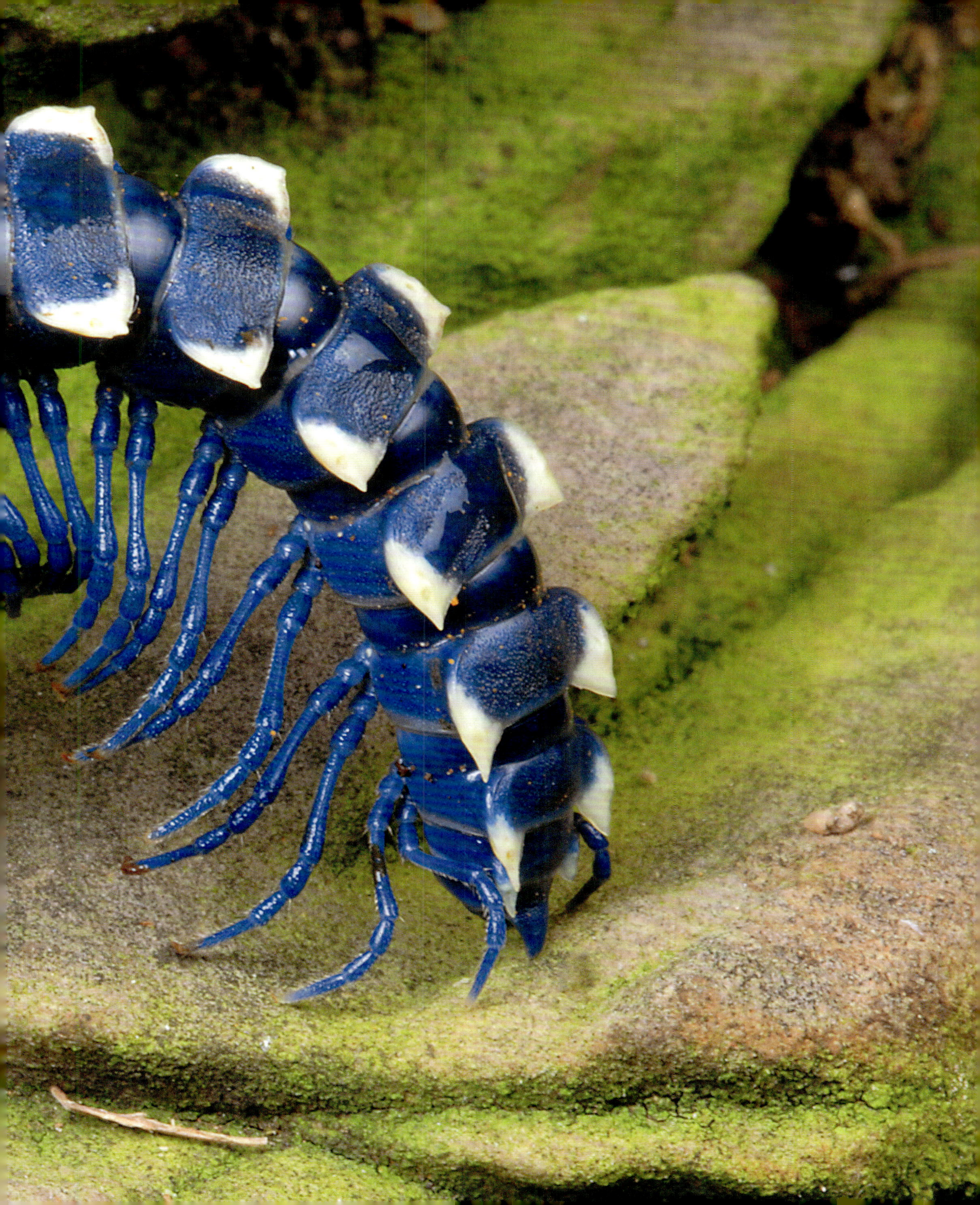

简介

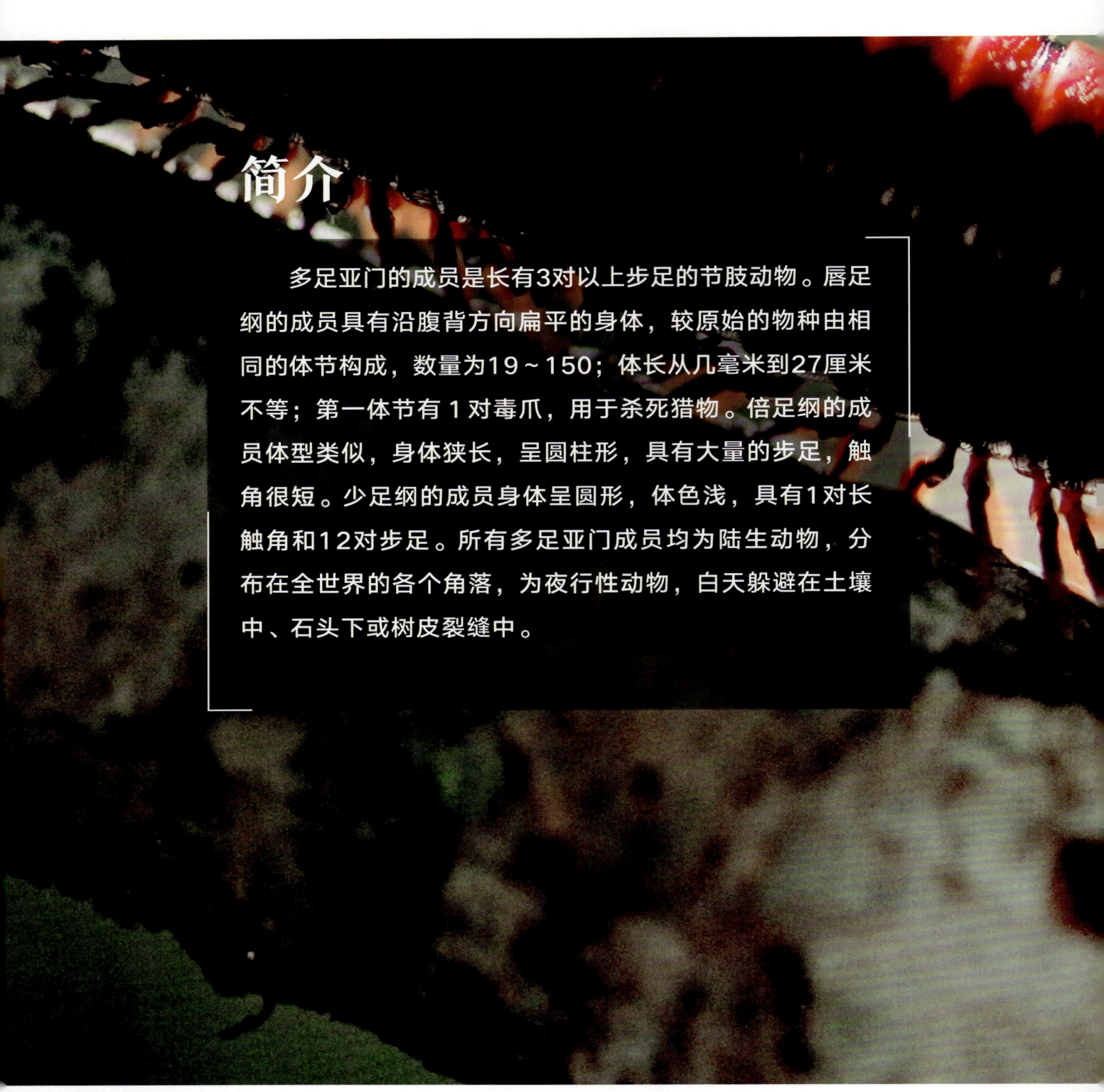

多足亚门的成员是长有3对以上步足的节肢动物。唇足纲的成员具有沿腹背方向扁平的身体，较原始的物种由相同的体节构成，数量为19~150；体长从几毫米到27厘米不等；第一体节有1对毒爪，用于杀死猎物。倍足纲的成员体型类似，身体狭长，呈圆柱形，具有大量的步足，触角很短。少足纲的成员身体呈圆形，体色浅，具有1对长触角和12对步足。所有多足亚门成员均为陆生动物，分布在全世界的各个角落，为夜行性动物，白天躲避在土壤中、石头下或树皮裂缝中。

前页与本页图片：千足虫

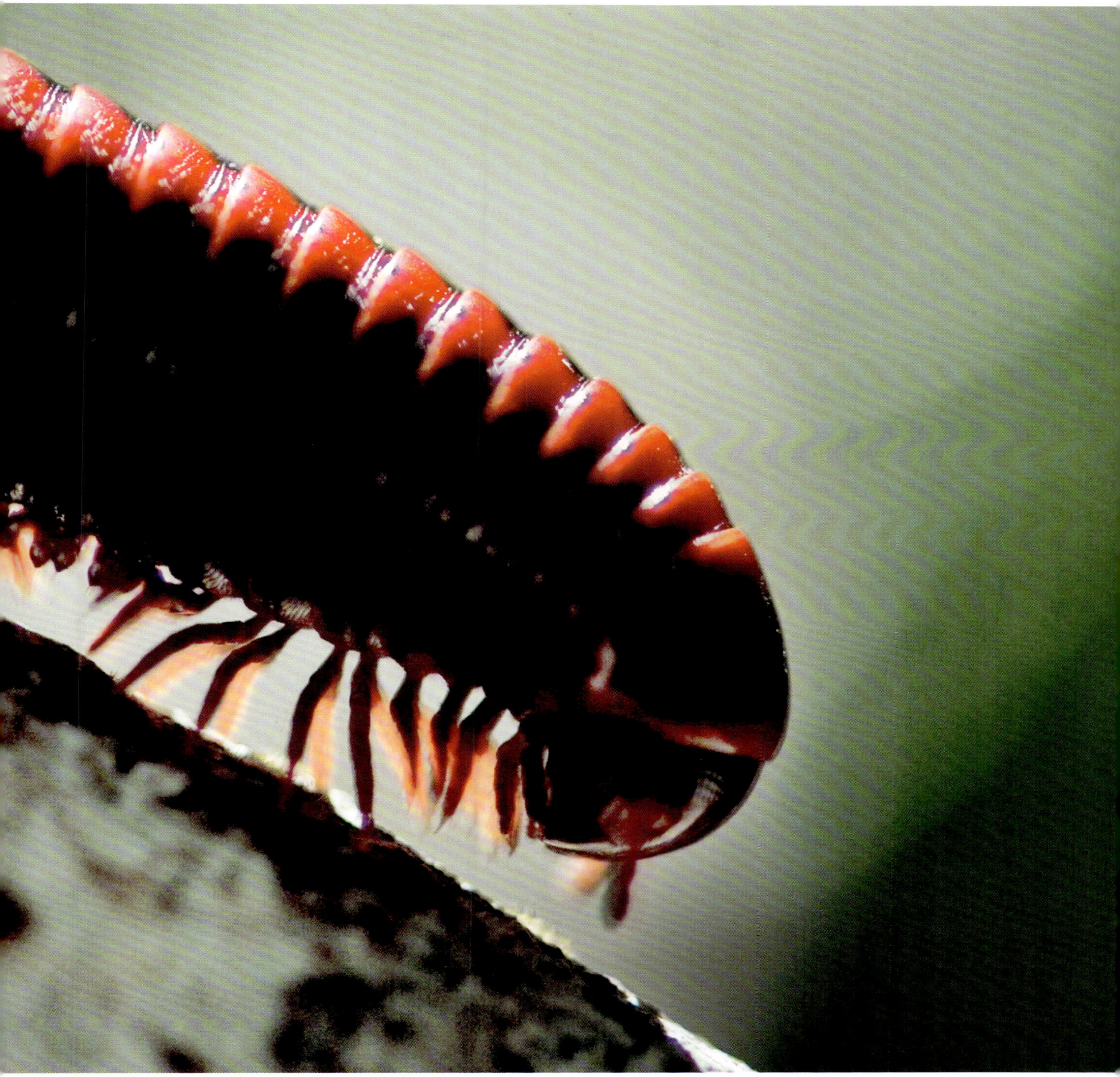

多足亚门

演化与分类

海生环节动物的演化过程始于前寒武纪（距今13亿年前），这些原始的蠕虫的演化逐渐分为两个不同的方向，它们一类成为现有的环节动物，另一类则成为节肢动物的最初形态。后者的演化又产生两条主线，一条是螯肢亚门，另一条是有颚亚门。

原始节肢动物划分为螯肢亚门和有颚亚门后，并不是所有的有颚亚门成员都遵循了相同的演化道路，它们中的部分成员（甲壳纲）继续留在水环境中，另一部分成员则选择了陆地环境。后者在奥陶纪构成了名为原始多足纲的庞大种群，在接下来的演化过程中，这一种群又分化为现有的多足亚门动物和昆虫。

罕见的化石和遗骸

最早确定可归为多足亚门动物的化石可追溯到志留纪（距今约4亿年前），但古生物学家认为，这一无脊椎动物的种群可能在更早，也就是寒武纪（距今约5亿年前）就已经分离出来了。在寒武纪的岩层中，也确实发现了意义重大的陆生无脊椎动物化石，它们的身体分为多节，具有许多步足，很可

一只地蜈蚣属（Geophilus）的百足虫在一棵树的树皮上。

能就是千足虫最遥远的祖先。然而在石炭纪（距今约3亿年前），多足亚门动物的数量才出现了真正的爆炸式增长，它们的体型巨大无比，体长超过2米，如节胸属（Arthropleura）动物。已经有化石的痕迹可以证明，多足亚门动物数量的惊人增长应该是当时大气中的氧气含量远超于现在的结果。对于多足亚门和蜘蛛纲的成员来说，其身体的特殊构造使得形成化石十分困难，保存最好的化石位于琥珀中。因此，相关化石较为缺乏，与这些动物相关的演化过程也就不得而知了。但少量位于泥盆纪岩层中的化石确实证明了最古老的千足虫拥有与现在马陆属（Julus）动物相同的身体构造。

分类

从亚里士多德到林奈时期，仅有两个属为人们所熟知：马陆属（Julus）和蜈蚣属（Scolopendra），它们被归类为"无翅昆虫"。"多足纲"这个术语首次出现在1796年，但属于这个纲的所有动物还是被认为是昆虫。直到1814年，英国的动物学家威廉·里奇才真正将多足纲定义为纲，归入节肢动物门，下属综合目、少足目、倍足目和唇足目。然而，最新的研究显示，动物分类学家认为将多足纲提升为多足亚门才是合乎逻辑的，多足亚门下属4个纲：综合纲（Symphyla）、少足纲（Pauropoda）、倍足纲（Diplopoda）和唇足纲（Chilopoda）。据统计，如今有约17000种多足亚门动物生活在地球上，这还不包括未被分类的物种。其中人们较为熟悉的，倍足纲约有8000种，唇足纲约有3500种，综合纲和少足纲有几百种。

综合纲动物是多足亚门中最原始的动物，体型小（体长仅为几毫米），有1对长触角和12对爬行足。

少足纲动物的体型也很小，身体最长也就2毫米，大多数物种具有10~11对爬行足。

倍足纲动物的体型则较大，通称千足虫，步足的数量会超过180对，生活在气候炎热的地区，但也有许多物种分布在温带地区。

唇足纲动物，通称百足虫，一般有19~150对步足。从系统发育的角度来看，它们是最接近昆虫的动物，分布于全世界，在气候寒冷的地区和热带、温带地区均有其踪迹。

有颚亚门

有颚亚门指的是具有特定解剖特征的节肢动物，比如具有用于咀嚼的下颚和上颌、相对发达的触角等。在这类分类方法中，有颚动物被归类到亚门级别。甲壳纲和昆虫纲也属于有颚亚门。

有气管亚门

正如我们所强调的那样，无脊椎动物的分类标准有多个，与物种的一个或多个典型特点有关。基于口器结构，部分学者分出了有颚亚门；基于呼吸器结构（由一套气管系统构成），另一部分学者则分出了有气管亚门，包括多足亚门和昆虫纲，这些动物还有一个共同点，那就是都具有1对触角，而甲壳纲动物则有2对触角。

多足亚门

总体特征

多足亚门动物的身体分为明显的两部分——头部和躯干部，倍足纲动物的躯干部还可细分为胸部和腹部。它们的头部小而圆，与身体其他部分区别明显，有1对触角、1对下颚和1对或2对（唇足纲）上颌；躯干部最少由11个体节、1个肛门尾节构成，还有至少9对用于爬行的步足。

倍足纲（名字来源于希腊语，意为"两只脚"）动物的重体节是体节成对愈合而成的结果，因此每个重体节上有2对步足，而非1对。虽然表面上看起来每对重体节有2对步足，但实际上还是每对体节有1对步足。唇足纲动物第一体节的附肢特化成颚足，用于注射毒液。多足亚门动物的最后一节体节一般无附肢，表皮质地坚硬，综合纲、少足纲和倍足纲动物的表皮被钙盐强化，而唇足纲动物则没有此特点。在许多情况下，多足亚门动物的外皮具有腺体，位于头部、躯干部的部分体节和最后几对附肢上；有些物种的腺体分泌物有毒，有些则会发光。

从不到0.5厘米长的微型物种到体长超过27厘米的热带物种，多足亚门动物的体型各异；体色多变，从淡白色到浅赭石色，再到欧洲物种的深棕色，热带物种的颜色更加鲜艳，如黄色、绿色和红色。

内部器官

多足亚门动物的消化管呈直线形，由前肠（唇足纲动物为食道）、中肠和后肠构成，口器有唾液腺；真正的消化过程发生在中肠部分，吸收营养物质；具有特殊的排泄器官，称为马氏管。

关于循环，少足纲动物的身体中完全缺失循环系统，而倍足纲和综合纲动物则具有可收缩背的脉管，心脏从侧开口接收血淋巴，并将血淋巴推向头部，血淋巴将流动到不同器官的腔隙中，最后回到心脏。

少足纲动物的呼吸为表皮呼吸。而其他多足亚门动物则通过不相交的气管系统呼吸。每段气管都能独立完成某一身体区域的气体交换，由气门向外排出废气；某些属的物种还具有少量的气囊，位于部分步足的内部。

神经系统由头部的神经节（又

两只千足虫紧紧缠住一根树枝。

称神经链）构成，分为中央区和边缘区，还有部分神经节有通向口部、触角和眼部的分支。一条链状的神经节使整个神经系统变得完整。

感觉器官

多足亚门动物通常具有单眼，数量不定。唇足纲动物的单眼聚集成块，形成伪复眼；触角上有触觉感知器。另外，唇足纲动物有两个特殊的感觉器官：嗅觉器官（由小坑构成，小坑的底部分布有感觉细胞）和前额器官（其功用尚不可知）。

繁殖

多足亚门动物实行两性繁殖，卵生。幼虫从受精卵中孵出，仅有3～6对附肢，发育过程伴随着多次蜕皮，每次蜕皮后，体节和步足的数量都会增加。唇足纲动物的生殖器区别于其他多足亚门动物，具有生殖孔，位于身体后部的前尾节，而其他纲动物的生殖器则位于身体的第三体节。

栖息地

千足虫和百足虫已经适应了特定的环境，不能进行远距离的迁移，常见于潮湿处，一般生活在苔藓、落叶中或石头下。天气过于干燥时，它们会深深地钻入地下或缝隙中，寻找湿度合适的地方。正是基于它们的这种习性，其身体形状才会分别呈圆柱形和扁平状。

唇足纲和倍足纲

下图为唇足纲（1）和倍足纲（2）动物的对比图。

可以看到，唇足纲和倍足纲动物的触角均分节，唇足纲动物每个体节有一对步足，倍足纲动物每个体节有两对步足（前三个体节除外）。

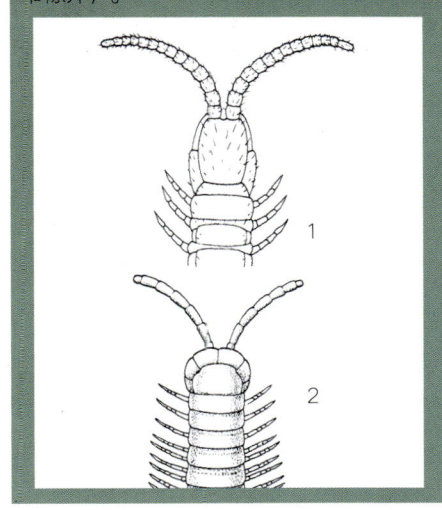

地中海黄脚
Scolopendra cingulatus

目：	蜈蚣目
科：	蜈蚣科
体长：	13~17厘米
分布：	地中海地区

地中海黄脚分布于地中海地区，在意大利境内十分常见，生活在土壤中较为潮湿的地方，常到石头或树叶的阴凉下藏匿，也可见于人类居所中。其身体狭长扁平，体型粗壮，板状的体壁质地坚硬，中间由灵活的膜连接；体色从黄色到棕色，再到橄榄绿色，头部和最后一个体节则呈淡红色；躯干部的每个体节都有一对步足，使它的移动速度极快，同时还可用于抓住猎物；第一体节的附肢特化成两个倒钩，与毒腺相连。

地中海黄脚具有独居和夜行的习性。如果被捕食者抓住，地中海黄脚能迅速反应，使用毒爪或最后一对钉状步足攻击捕食者。地中海黄脚对人类危害不大，被其蜇咬最多可导致疼痛，引发局部肿胀，并无其他严重后果，但对无脊椎动物则是致命的。

捕食者也会沦为其他捕食者的猎物。如图所示，一只饥饿的蟾蜍捉住了蜈蚣。

富有母性的蜈蚣

和大部分节肢动物一样，蜈蚣也是通过产卵繁衍后代的。雌蜈蚣将受精卵置于身体后部的步足间，就算外出觅食也不会留下它们不管，直到其孵化。此时为了方便移动，雌蜈蚣只能将后面的步足高高举起，使用前面的步足爬行。即使在幼体诞生后，雌蜈蚣也会尽职尽责地抚育后代，将它们保护在步足间，在其周围形成一道屏障，这一保护机制将一直持续到它无法再随身携带幼体为止。

蚰蜒可以在乡村和人类居所中观察到，虽然其外表可能令人难以接受，但它对人类完全无害。

蚰蜒
Scutigera coleoptrata

目	蚰蜒目
科	蚰蜒科
体长	1.5~5厘米
分布	欧洲、亚洲、北美洲

蚰蜒原产于地中海地区，现已遍布欧洲、亚洲和北美洲，喜温带气候，喜阴暗潮湿的地方。其身体扁平柔软，能够轻松地在石缝、腐烂的树叶或树皮中穿行；头部与身体的界限分明；具有1对灵活的长触角，由多节构成，上面遍布着嗅觉和触觉器官；口部周围有3对附肢：下颚和2对上颌。它的躯干具有许多体节，体节上有15对脆弱的极长的步足，这一结构大幅提高了蚰蜒的移动速度，有利于夜间捕猎。第一体节的附肢特化为两个倒钩，用于抓住、攻击和麻痹猎物，倒钩的内部与毒腺相连。蚰蜒的神经毒素对于其猎物（节肢动物、软体动物、蠕虫和小型脊椎动物）而言是致命的。

在繁殖季，雄性的求偶行为可持续多日，引诱雌性接受其精囊，卵一旦受精，雌性就将卵产到土壤中。雌性通常会留下来照看幼体，在幼体周围卷曲身体，直到幼体生长至一定的发育阶段。

石蜈蚣
Lithobius forficatus

目	石蜈蚣目
科	石蜈蚣科
体长	1.5~2.5厘米
分布	欧洲、美国、巴西、圣赫勒拿岛（非洲）

石蜈蚣与蚰蜒形似，在欧洲分布极广，还分布在美国、巴西和非洲的圣赫勒拿岛。它狭长的身体呈红褐色，除了头部和最后一个体节，其他体节都附有一对长而壮的步足。石蜈蚣的头部有一对长触角，是感觉器官，用于感知猎物的位置，它主要以小型无脊椎动物为食。

石蜈蚣繁殖时，雄性将精囊留在土壤中，当卵受精后，雌性就将卵产在土壤中，并用自己的身体围成圈，保护受精卵不受捕食者的破坏，它将一直照看幼体，直到幼体能够独立生存。

犬齿蜈蚣
Scolopendra canidens

目	蜈蚣目
科	蜈蚣科
体长	13~15厘米
分布	地中海地区

犬齿蜈蚣分布在整个地中海地区，喜潮湿的地方，厌光，因此会在树叶、树缝和岩石中度过其大部分时光。其狭长的身体由许多体节构成，除了最后一节，每个体节均有1对步足；倒数第二体节的附肢向内弯曲，具有感知和防御的功能；第一对步足弯曲在头部下方，末端为1对毒爪；头部两侧有4只单眼和1对长触角。

达尔马提亚蜈蚣
Scolopendra dalmatica

目	蜈蚣目
科	蜈蚣科
体长	13~15厘米
分布	巴尔干地区、地中海欧洲国家

达尔马提亚蜈蚣分布在巴尔干地区和地中海欧洲国家，喜栖居于土壤或树叶中，适宜生存在阴暗潮湿的环境中。其身体扁平，头部有一对长触角，较为灵活。尽管具有十几对步足，但达尔马提亚蜈蚣的移动速度并不是很快，也不是十分敏捷。达尔马提亚蜈蚣主要借助第一对步足上的毒爪来捕食小型节肢动物。

地中海沿岸还生活着一种地蜈蚣科动物，名为加氏地蜈蚣（*Himantarium gabrielis*），身体呈橘色，有177对步足。

巨人蜈蚣
Scolopendra gigantea

目	蜈蚣目
科	蜈蚣科
体长	20~28厘米
分布	南美洲（热带地区）

巨人蜈蚣分布在南美洲的热带地区，常年隐匿在岩石、树皮或落叶间。它体型巨大，其螫咬对人类十分危险；体壁覆有几丁质外壳，身体柔软扁平。虽然体节和步足较多，数量超过了蚰蜒，但巨人蜈蚣的行动速度却不是特别快。巨人蜈蚣体型较大，不仅能捕食昆虫，还能捕食小型爬行动物和脊椎动物，如蛙类，甚至蝙蝠。

具斑马陆
Blaniulus guttulatus

目	姬马陆目
科	关闭马陆科
体长	10~18毫米
分布	欧洲、北美洲、塔斯马尼亚岛

具斑马陆分布于欧洲、北美洲和塔斯马尼亚岛，是关闭马陆科中最常见于农田的物种。其地下生活的习性决定了它对农作物的危害极大，尤其是对马铃薯、甜菜和谷物。具斑马陆的身体呈浅色，十分狭长、纤细，呈圆柱形，由60个体节构成，体壁质地较硬。其粗壮的外骨骼还能自我卷曲，这是当其受到威胁或避免过度脱水时所采取的策略。

同属的物种有多氏关闭马陆（Blaniulus dollfusi）、洛氏关闭马陆（Blaniulus lorifer）和维纳斯关闭马陆（Blaniulus venustus）。

少足属
Pauropus

目	少足目
科	少足科
体长	0.5~2毫米
分布	全世界

少足属动物遍布全世界，典型物种为赫氏少足虫（Pauropus huxleyi）和林生少足虫（Cylindroiulus britannicus），生活在土壤中，喜十分潮湿的环境，如树林落叶、腐烂木材和土壤表面等。少足属动物就像是蚰蜒的缩小版，身体不发达，呈圆形，由11个体节加1个尾节构成，有10~11对步足。一对触角分叉为两支，一支仅有一根鞭毛，另一支有两根。它们无呼吸和循环系统，主要以菌类的菌丝体（菌类的丝状结构）为食；雌雄异体，雄性通过精囊实现授精。

筒马陆属
Cylindroiulus

目	姬马陆目
科	姬马陆科
体长	10~16毫米
分布	温带地区

筒马陆属包括大量物种，其中有不列颠筒马陆（Cylindroiulus britannicus）、宽纹筒马陆（Cylindroiulus latestriatus）和圆斑筒马陆（Cylindroiulus punctatus）（如上图所示）。它们原产于欧洲，现已分布在所有温带地区，常见于腐烂的木头和植物中，还可见于花园中。它们一般身体呈浅灰色或浅褐色，物种之间的差别极小，仅凭肉眼难以区分。它们几乎所有的步足都是相同的，不仅可用于移动，还可以用来开辟新通道。筒马陆属动物为夜行性动物，最喜欢的食物是腐烂的松针。

马陆属（Julus）的物种，如土马陆（Julus terrestris）、斯堪地维纳亚马陆（Julus scandinavius）和带纹马陆（Julus variegatus）喜欢吃分解中的栎树树叶。

奇异姬马陆
Trogloiulus mirus

目	姬马陆目
科	姬马陆科
体长	3~8毫米
分布	北半球

奇异姬马陆生活在整个北半球地区，在欧洲和亚洲的分布尤为广泛，是生活在森林凋落物中的典型物种，喜隐匿在潮湿的环境中，以防脱水。其身体狭长扁平，由86个体节构成；头部有短触角，末端膨大，有1对下颚和1对颌骨；体型小，近似呈圆形，易于在土壤中开掘道路；眼部不发达；口部沿腹面开口，咀嚼式口器可帮助其肢解猎物。它主要以分解中的植物、昆虫尸体、软体动物、蚯蚓和其他小型动物为食。第一体节无步足，接下来的3个体节每节都有1对步足，剩下的体节每节有2对步足。奇异姬马陆包裹整个身体的表皮是一层坚硬的外骨骼，其特殊构造可让它蜷曲身体，这是一种自我保护的方式，也是减少表面积、防止脱水的重要方法。奇异姬马陆不好动，具有夜行习性。雌性在土壤的小洞中产卵，幼体随着发育，体节数量逐渐增加，经过7~12次蜕皮后，便可发育成熟。

波浪般的节奏

千足虫前进时，每对步足都会快速向前、慢速向后，以波浪般的节奏移动；一股收缩的波浪联动整个身体，使得每对步足都能落在地面上一小会儿，之后再向前进发。这种行进方式使千足虫前进的速度放缓。实际上，当千足虫需要被迫逃离一个地方时，它们会采用更有效的策略，即不使用步足，而像蛇一样进行波浪式滑行。千足虫数量可观的附肢并不只是其移动的工具，还可用于在植物和土壤间开辟通路。

倍足纲动物通称千足虫。欧洲的物种一般体色较深，而热带物种的体色则较鲜艳，多为黄色、红色和绿色。它们的步足也并没有1000只，最多也就有400只！

北美巨人蜈蚣（Scolopendra heros）的头部呈红色，长约15厘米，生活在美国的沙漠地带。

179

棘皮动物门

海星、海胆和海参：大海中的奇异住民

海星、海胆和海参是最为人们所熟知的棘皮动物，喜欢潜水的人至少会见过其中一种。这些动物从外表看似乎并不会动弹，但实际上，它们正在全世界的海底及礁石和珊瑚礁间漫步。

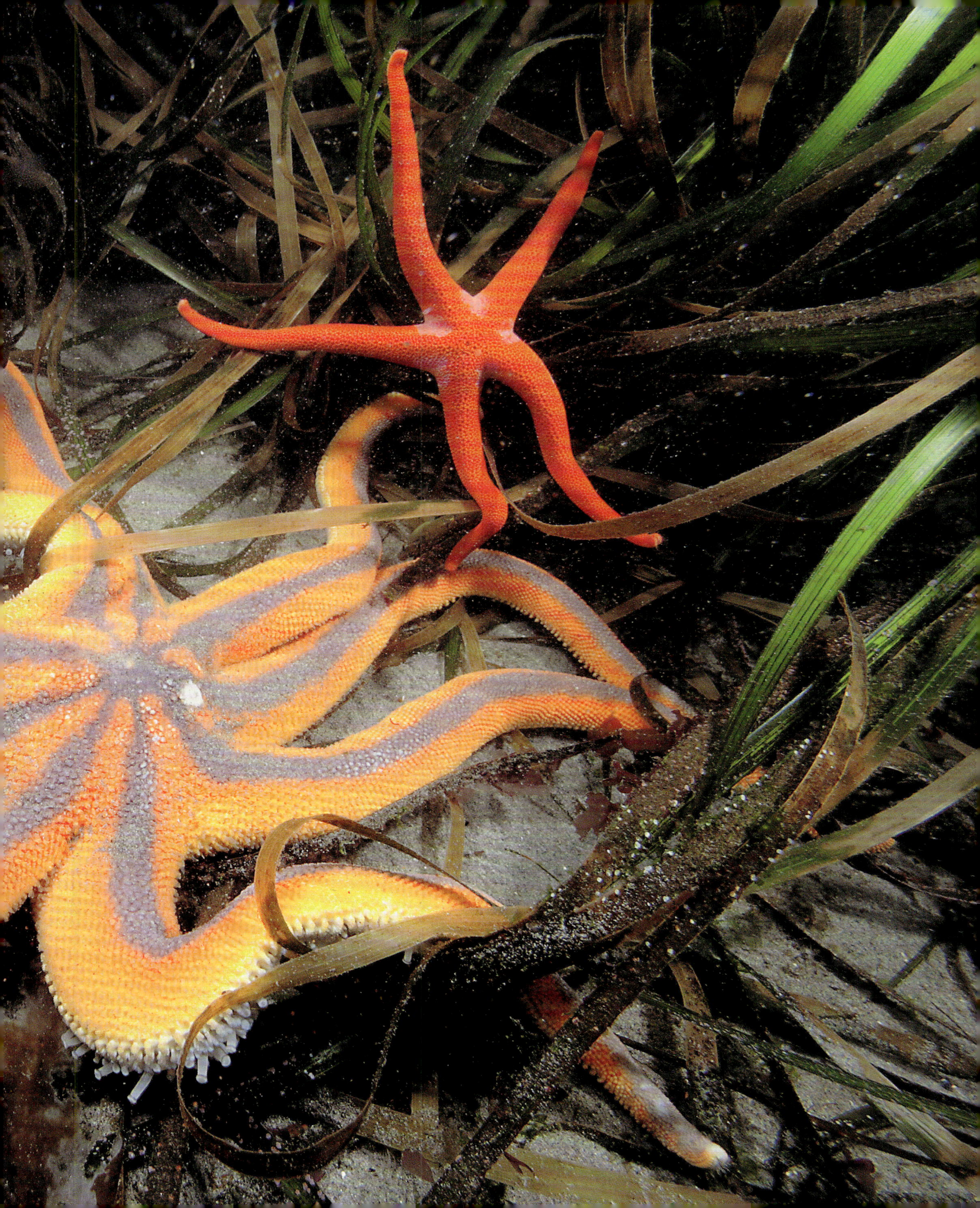

简介

棘皮动物门包括约6000种现存物种，均生活在盐度较高的水域中。它们在各个经度区域都有分布，常见于浅海和礁石上，但也有的物种生活在深海。它们的成体呈辐射对称，即理论上身体可分为按辐射轴线对称的两部分，如同轮胎和辐条那样。尽管身体形状各不相同，但所有棘皮动物都具有扁平状的身体。棘皮动物活动性差的特点迫使它们必须用类似甲壳的外壳保护自己。这种外壳由骨板和棘刺构成；部分骨板又称步带，其上有许多小孔，棘皮动物从小孔中释放叉棘，用来移动。棘皮动物门分为五个纲，分别是海百合纲（Crinoidea）、海胆纲（Echinoidea）、蛇尾纲（Ophiuroidea）、海星纲（Asteroidea）和海参纲（Holothuroidea）。

前页图片：海星；本页图片：石笔海胆

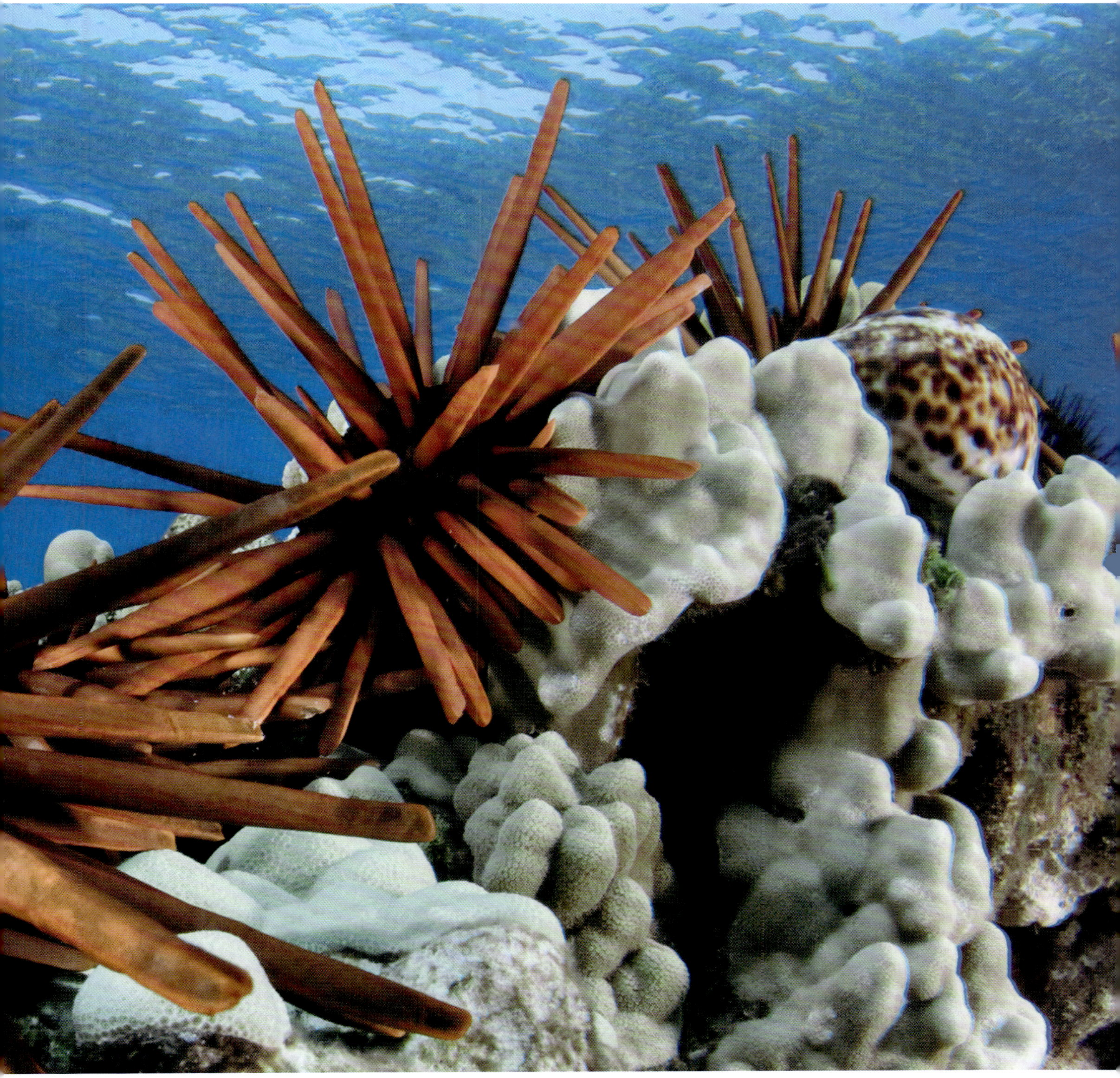

演化与分类

棘皮动物

已经灭绝的棘皮动物多达15000种，现存约6000种，这样的比例毫无疑问证明了（大量的化石也确认了）远古海洋中遍布着有柄动物，形似花朵，形成壮阔的海底"草原"。我们发现的最古老的棘皮动物化石可追溯到寒武纪（距今5亿3000万年前），既包括形状多变的海果纲（Carpoidea）动物，也包括形状暂时或永久固定的动物，如海林檎纲（Cystoidea）、海蕾纲（Blastoidea）、海百合纲（Crinoidea）和海座星纲（Edrioasteroidea）动物。

远古海洋中的有柄动物可认为是两侧对称动物（动物的左边与右边对称）的共同祖先，它们栖居在海底，逐渐演化出了原始棘皮动物的最初形态。海胆和海星是最早获得**辐射对称**身体的棘皮动物。

这一过程也在棘皮动物个体发育的过程中再现，十分有趣：最开始，幼体活动性强，呈两侧对称；之后栖居在海底，随着时间的推移，逐渐发育为辐射对称的个体。

活化石：海百合纲动物

海百合纲是棘皮动物中唯一的静态种群，存活至今。海百合纲动物十分美丽，其发展最繁盛的时期为志留纪（距今4亿2000万年前）。那时的海洋中分布着海百合纲的许多目类，但只有一目，即游离海百合目（Inadunata）动物得以在二叠纪和三叠纪幸存，为分节动物（Articolata）的祖先。如今，这些动物有着柄的形状，作为"活化石"生活在海洋深处（一般生活在500~1500米深的海底，但在太平洋近10000米深的海底也发现了它们的踪迹）。其他的物种则获得了游泳的能力，尽管只能游几米，如海羊齿科（Antedonidae）动物，它们出现在侏罗纪，度过了中生代，仍存活在今天的海洋中。

脆弱的海参

遗憾的是，我们对海参纲动物的演化过程知之甚少，因为它们只留下了极少量的化石，现有的大部分化石也都是微观形态的，即仅可见它们身体上的骨针。

曾经的棘皮动物

海果纲（Carpoidea）：生活在下古生界，即从寒武纪至泥盆纪（距今约4亿年前），它们是两侧对称动物，无触手；身体上有多处开口，其作用尚未明确。

海林檎纲（Cystoidea）：仅存在于奥陶纪至泥盆纪，有时（但并不总是）呈辐射对称状。其身体呈杯形、梨形或球形，由不同数量的多边形骨板组成，上有气孔，分布方式独特。在大多数情况下，它们具有一根柄，在触手的位置上一般仅有很短的附肢。

海蕾纲（Blastoidea）：其化石是在奥陶纪至二叠纪的地层中发现的，身体已具有辐射对称的特点，呈杯形，具有一根柄，由固定数量的骨板保护。其腕足（细长的附肢，用于将食物运送到口中）和五个步带已经相当明显。

海座星纲（Edrioasteroidea）：生活在寒武纪至石炭纪，无柄，一般固着在海底，少数物种可自由活动，总之属于不固着在海底生活的种群。其身体呈口袋状或盘状，由大量钙质多边形小骨板保护；口部周围有五个步带，开口位于腹部，肛门孔和排水孔则位于背部的间步带。

右图：本氏海齿花（Oxycomanthus bennetti），一种海百合纲动物。从演化的角度来看，棘皮动物与脊索动物相近，它们都有胚胎阶段，许多特征都相同，因此这两个门类的动物有着紧密的亲缘关系。

祖 先

海胆

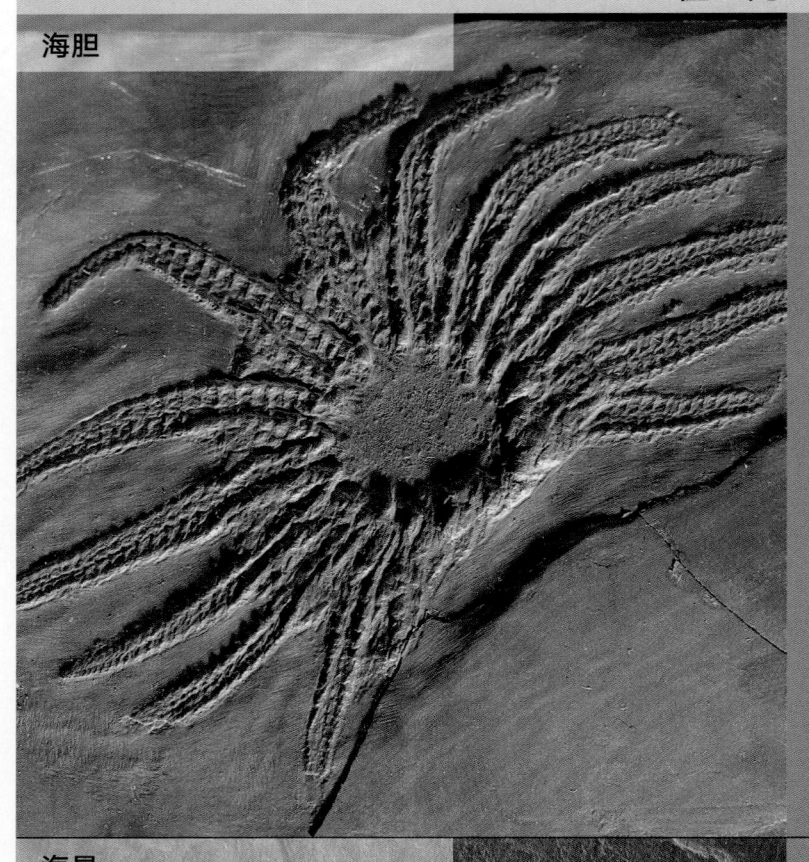

现如今，海胆已归类到海胆纲中，是海胆纲的代表物种。从丰富的化石数量来看，海胆纲动物在奥陶纪（距今4亿9500万年前）极为繁盛。它们固着于海底，由近球形的外壳保护，互相重叠的骨板形成精致的马赛克图案，就像鱼鳞一样，形成一层灵活的"铠甲"。另外，这层外壳上面还会有叉棘，有着防御的功能。这一时期海胆的骨板结构还不是很规则，因为步带和间步带的数量不定。在中生代，这些生物体为了适应环境，开始出现两种不同的演化趋势。一种是生活在岩石底的种群，演化出棘刺，将防御能力最大化，同时保留强劲的下颚以捕捉食物，在相当早的时期就已经具有了辐射对称的身体构造，这就是最早的规则形海胆，其骨板的数量固定。与此同时，一些喜欢生活在沙底的种群演化出特殊的开掘结构，于是，在侏罗纪便出现了不规则形海胆。其最大的改变在于咀嚼式口器的退化（由于下颚不再用于捕猎）、叉棘的缩小、口及肛孔的移位，以及两侧对称的出现，海胆因此有了心形的外观。

海星

在下古生界（奥陶纪至泥盆纪）的海洋中，生活着许多原始的海星（属于体海星亚纲，Somasteroidea），之后几乎所有的物种都灭绝了，如今仅有海盘车属（Platasterias）动物存活于世。海盘车（Platasterias latiradiata）生活在北美洲南部和南美洲北部的西海岸，是真正的扁平星状活化石。其身体呈小盘状，上面有许多相似的触手。海盘车属动物可能演化出了海参纲（Ofiuroidea）和现在的海星纲（Asteroidea）动物，但化石并没有留下相关演化过程的确切信息。体海星亚纲动物还被认为是海百合纲动物和海星纲动物之间的过渡物种。有趣的是，海星纲的部分物种以泥浆和水中的悬浮物为食，这是和海百合纲动物相同的、相对原始的食物结构。其他物种则是凶猛的捕食者，以海绵、珊瑚虫、多毛环节动物、腹足动物、双壳类、甲壳类、海参、海胆，甚至是鱼类为食。因此，海星纲动物的演化包含了摄食方式从滤食性到吞食性的过渡过程，滤食性叉棘用于向口部输送少部分食物，而吞食性叉棘则用于捕捉猎物和自身的移动。

棘皮动物的划分

棘皮动物门包括约6000种现存物种，根据习性又分为两个亚门：有柄亚门（Pelmatozoa）和游移亚门（Eleuterozoa）。

有柄亚门动物具有一根柄，使其固着在海底生活；如今仅有海百合纲一纲属于有柄亚门，而在过去的地质时期，其实有很多纲。海百合和海羊齿都属于有柄亚门。

游移亚门动物则是无柄的棘皮动物，多多少少可在海底自由活动，现包括四个纲：海参纲、海胆纲、海星纲和蛇尾纲。

海参纲动物（海参或海黄瓜）一般有着狭长的身体，大致呈圆柱形，可借助横向的管足在海底活动。

海胆纲动物（海胆）一般呈球形，有一些凹陷，口位于下方。海胆纲分为两个亚纲：规则海胆亚纲和不规则海胆亚纲。规则海胆亚纲的物种有着典型的辐射对称状身体，口和肛孔相对位于身体中部的位置；不规则海胆亚纲的物种则有着呈椭圆形或近圆形的身体，略微扁平。

海星纲动物（海星）的身体扁平，呈五角星形，在浅海海底生活。海星纲分为三个目。

蛇尾纲动物（真蛇尾或蛇尾）也拥有星形的身体，但身体中央有一个圆盘，上有清晰的触手分界，触手细长，呈蛇形或圆柱状。蛇尾纲分为两个目。

一堆海星：五辐射对称的特征相当明显。

棘皮动物

总体特征

海星、海胆和海参是棘皮动物中人们最熟悉的物种。棘皮动物都是海生动物，成体的身体没有分节的痕迹，辐射对称明显。毫无疑问，这种身体构造是在后来演化的过程中获得的。

辐射对称

最古老的棘皮动物都是有柄的底栖动物，其辐射对称的身体是适应环境和生活方式的重要表现。这是有柄动物的典型对称构造，利于捕捉猎物，以及防范来自各个方向的潜在敌人。如今的棘皮动物保留了这种对称构造，虽然可以活动，但很少长距离移动。

为了解释何为辐射对称构造，我们举一个橘子的例子：许多个橘子瓣向一条中轴汇聚，有着明显的口端和反口端。类似地，棘皮动物的身体分为**多个纵带**（共10个，每个触手上有2个），其分布方式和橘子完全相同。当然，这只是理论上的描述，实际的构造要复杂得多。在海胆的身上能很容易看出瓣状的构造，而在其他纲动物中却没有这么明显。海星、蛇尾和海百合都具有触手，还很容易观察到10个纵带。海参的身体狭长，纵带完全消失，只有仔细观察才能分辨出这一结构。然而准确地说，海胆的骨架上可观察到石珊瑚板（一种圆形的空心板，是步带系统的一部分）是一整块，位置不在正中央，因此这一结构并不是在所有的瓣状区域都重复出现的。

从这个观察结果来看，这种对称结构或许应该称为伪辐射对称，因为这些动物都还保留着两侧对称的基本结构。

消化与呼吸

棘皮动物的消化器官开始于口部，在口面开口，具体位置视纲类而定：海百合纲动物在内部，海参纲动物在内部的前方，其他纲动物在靠近身体下方的位置。

感觉器官（如**触手**或**化学接收器**）位于口部周围。某些海胆纲动物的口部还具有咀嚼式口器。口部之后是一条短食管，再之后是胃，肠部较长，末端为肛门，大部分棘皮动物的肛门口位于口端的相反端（反口端）。

棘皮动物的呼吸多数是通过已经具有其他功能的器官完成的：气体交换是通过**管足**或口部周围的一些触手（消化系统的一部分）进行的。仅在很少的情况下可以找到真正的呼吸器官，比如**鳃**，位于海胆的口部周围。

实际上，棘皮动物的水管系统是独一无二、极为重要的，除了使水在全身循环，还与管足相通，使它们可在水中移动。水从石珊瑚板（在反口端非正中央的位置）进入。

繁殖

棘皮动物最常见的繁殖方式为雌雄异体、有性繁殖，但也有少数存在雌雄同体的形式。雄性和雌性个体的外表差异不大，生殖腺直接向外释放卵或精囊，卵在海水中受精。

但也有些物种是体内受精的。幼体呈两侧对称（又称对称幼虫），不同纲的幼体形状各有不同：海胆和蛇尾的幼体呈伞形，称为长腕幼虫；而海百合的幼体呈桶状，称为樽形幼虫；海参则保留了对称幼虫的典型结构，海星也是如此（尽管有些许不同）。另外，值得注意的是，部分海星纲动物实行无性繁殖，通过细胞分裂进行繁殖。

许多海星在失去身体的一部分后可以再生，切掉的残肢也可生长为一个完整的个体。

神经系统和感觉器官

棘皮动物的神经系统并不是很发达，由3组基本的神经构成，第一组仅有运动神经，由围口（口部周围）深处的神经环构成，由它分出5条辐神经；第二组是主管感觉和运动功能的神经，由密集的神经网构成，为皮下神经丛，向神经环汇聚；第三组神经在各个纲类中的发达程度并不完全相同，位于反口端，由一定数量的神经节构成，从神经节延伸出许多神经分支。与这一简陋的神经系统相连的感觉器官并不发达，一般是少量光线感受器和化学物质感受器。以海星为例，它们的触手末端有眼状斑，使它们能够辨别光影的变化；海星还有化学感受器，能够提示牡蛎、贻贝或其他食物的存在。

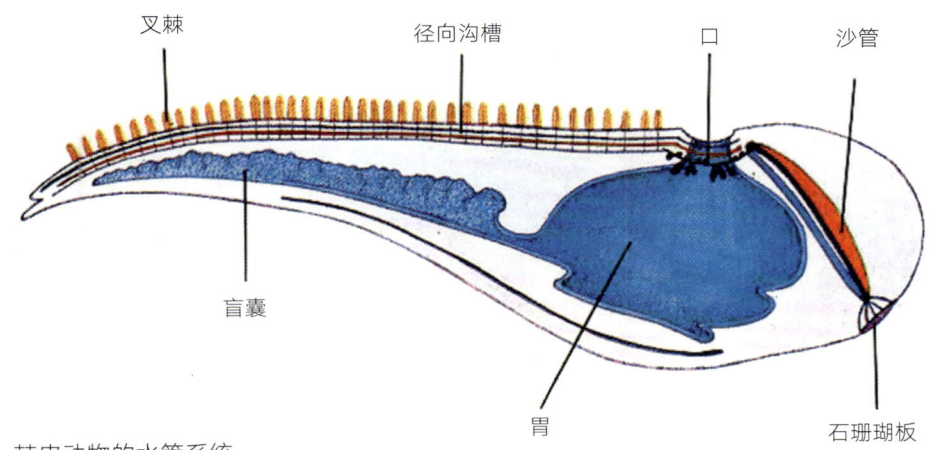

海星和海葵：可以看到触手末端的眼状斑。

棘皮动物的水管系统

叉棘　径向沟槽　口　沙管
盲囊　胃　石珊瑚板

189

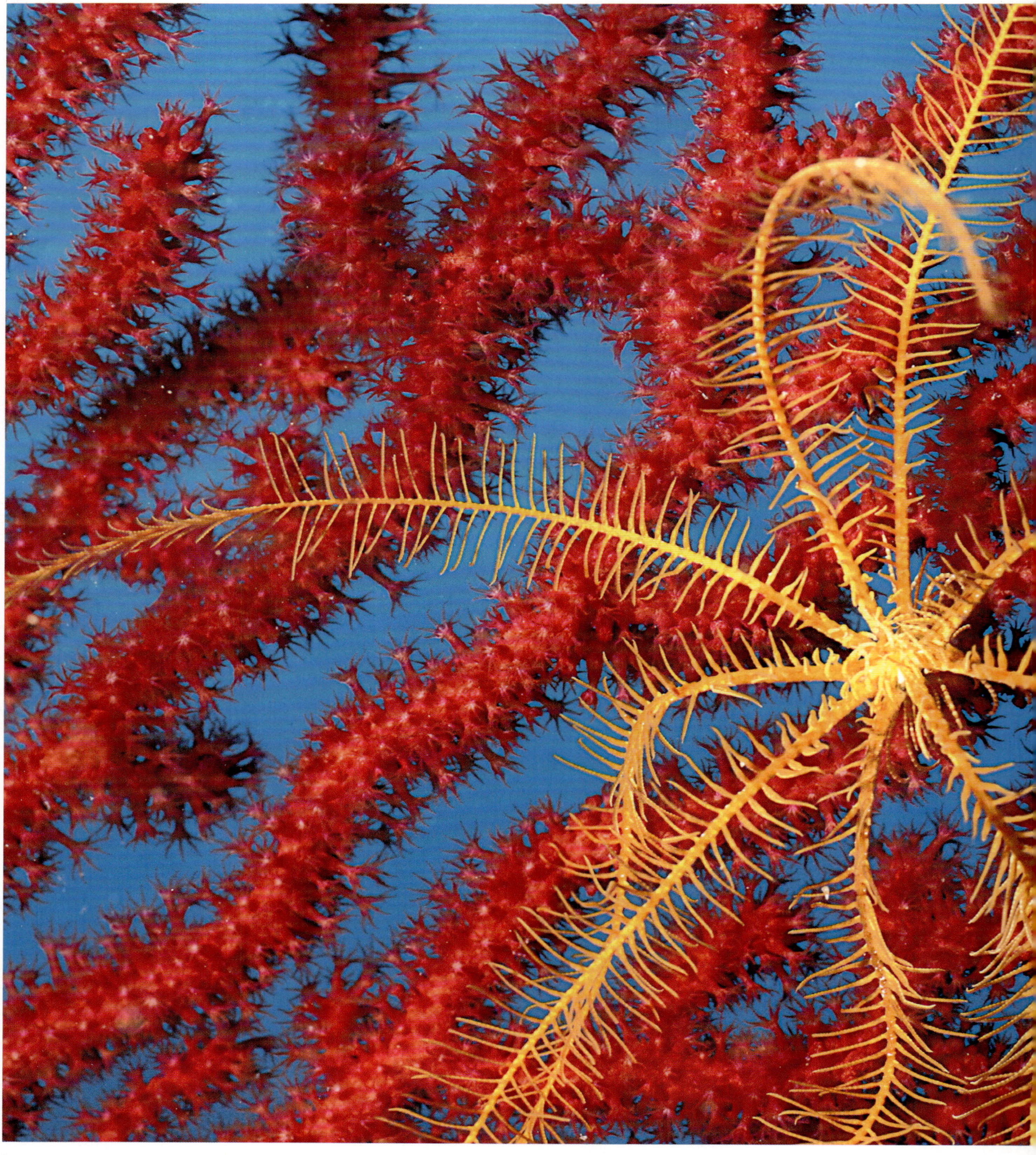

地中海海羊齿
Antedon mediterranea

目	关节海百合目
科	海羊齿科
体长	10~12厘米
分布	地中海

地中海海羊齿生活在地中海约80米深的海底，喜阴暗的区域，可耐受海港的污染水体。第一眼看上去它并不像动物，而像灿烂的花朵。其身体呈杯状，与腕（卷枝）相比，身体要小许多，腕长达12厘米，上面有侧枝（羽枝），外形呈羽状；每个羽枝都由多节相连组成，末端长有一个倒钩。地中海海羊齿的体色各不相同，从红色到橙色，从紫色再到带有褐色条纹的淡白色。其整个身体由坚硬厚实的钙质骨板支撑，骨板相互连接。

如其他海百合纲的成员一样，除了神经系统，地中海海羊齿身体的所有部分都具有极强的再生能力。它通过过滤进食：腕的冠部逆海流波动，利用叉棘捕捉浮游生物或其他物质，将其迅速递送到步带沟（位于口面腕上的深沟），最后送至口中。它实行有性繁殖、体外受精。幼体从受精卵中孵出，固着在海底，经过多次变态发育达到最终形态，只有达到了某种成熟度后，才能够游泳。

同科的细羽海羊齿属（Le-ptometra）包括长足细羽海羊齿（Leptometra phalangium）和凯尔特细羽海羊齿（Leptometra celtica）。

心形海胆
Echinocardium cordatum

目	蝟团目
科	拉文海胆科
体长	4~9厘米
分布	温带和热带海域（印度洋以外）

心形海胆分布于印度洋以外的温带和热带海域，生活在200多米深的沙质海底。其学名（"cor"在拉丁语中意为"心"）指的就是它呈卵形的身体。海胆纲动物的外表面由棘刺包裹，这是它们的独有特征（棘刺可活动，视物种的不同，棘刺的数量、形状和大小各有不同）。心形海胆的棘刺短而扁，看起来就像是一层毛皮；被其刺伤会感到十分疼痛，但对人类无害。其身体呈白色、浅灰色或黄色。

心形海胆通常在海底挖掘一个洞穴，深10~20厘米，从中将长管足伸出，以有机碎屑为食。它喜欢在夜间活动，白天多留在洞穴中。在繁殖季，心形海胆开始聚居，并向沿海地区移动。

阿巴契斯黑海胆
Arbacia lixula

目	冠海胆目
科	阿巴契斯海胆科
体长	4~6厘米
分布	地中海、大西洋东部

阿巴契斯黑海胆是十分常见的物种，分布在整个地中海和大西洋东部海域，生活在浅海的岩石质海底。其身体呈圆形，具有明显的辐射对称特征；管足从步带板中伸出，用于移动和捕捉猎物；包裹身体的棘刺长而密，一般比身体的直径还要长，使它具有亮黑色的体色，因此又称黑海胆。

棘手的问题

海胆的棘刺是它们的明显特征，具体来说，这道强大的"防线"却各有不同。棘刺可以短而细或长而粗，质地坚硬或毛茸茸的。棘刺的表面可以是光滑的，上有沟或有斑点和结节。部分热带物种的棘刺则呈线形，含有刺激性液体。然而，欧洲海域中的海胆并不危险，虽然游泳者和潜水者在不小心踩到海胆时，会对被其刺伤有所畏惧。

阿巴契斯黑海胆以"雄性海胆"为人们所熟知。人们错误地认为与它们对应的是拟球海胆（*Paracentrotus lividus*），又称"雌性海胆"。

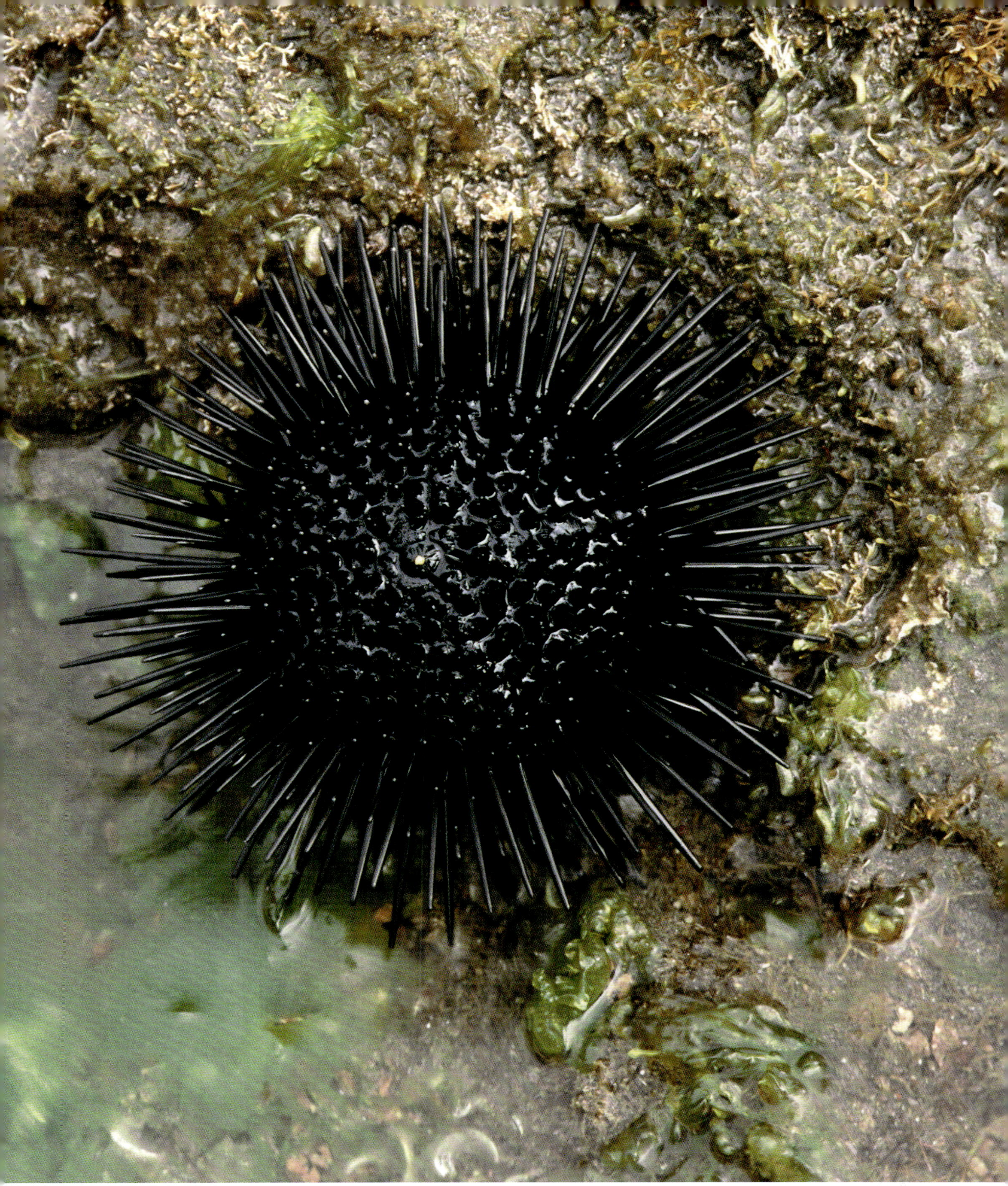

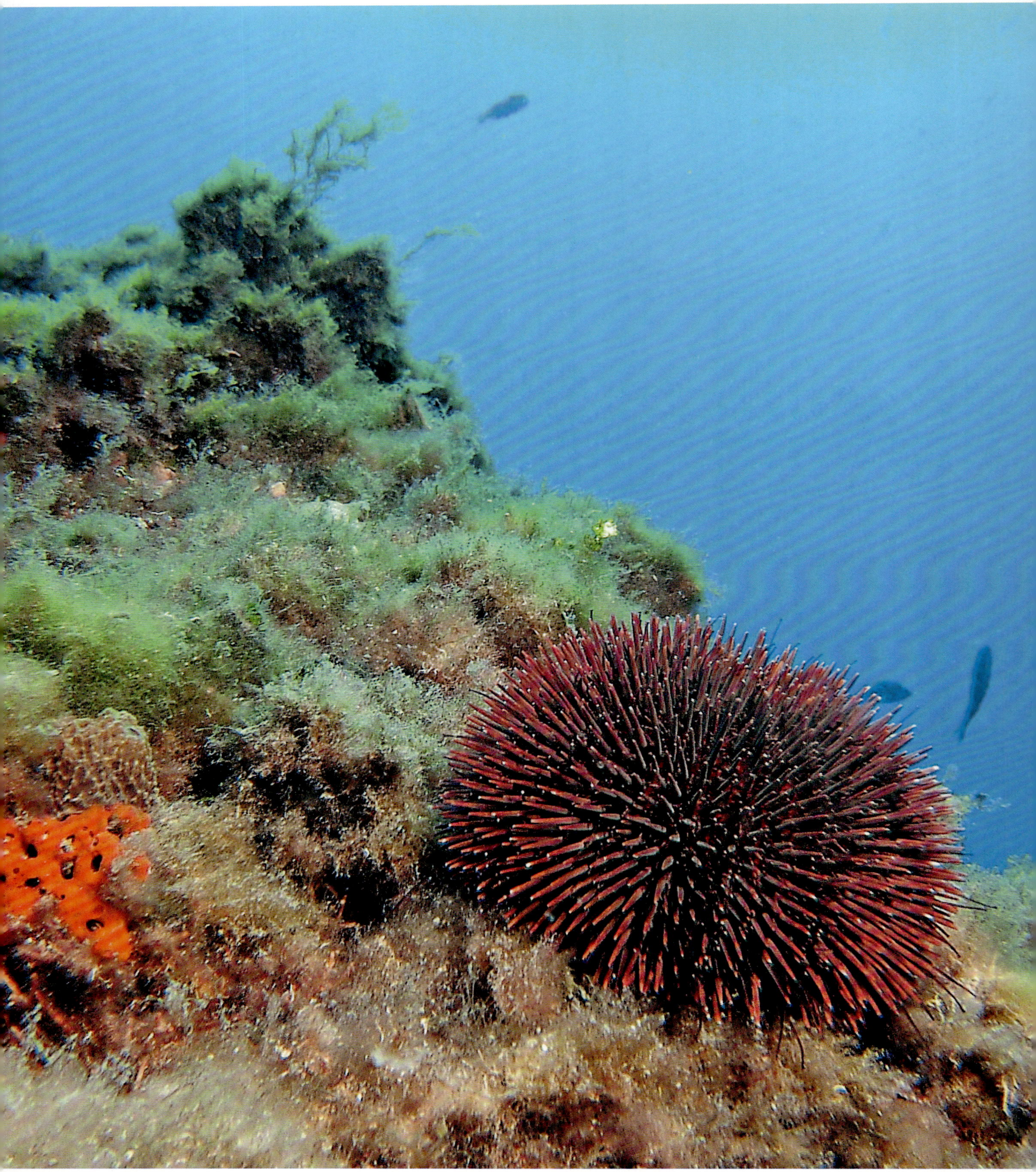

照紫海胆
Sphaerechinus granularis

照紫海胆分布于地中海和大西洋东部，生活在3~25米深的岩石质海底和波西多尼亚海草（Paracentrotus lividus）上。它的叉棘的根部一般呈棕紫色，顶端呈白色，但这种典型的颜色并不总是如此，有时叉棘可以完全呈白色、褐色或淡红色。照紫海胆的身体呈球形，辐射对称；叉棘短而多，不尖锐，与管足一同负责海胆的运动。

其口部位于腹面，使用亚里士多德提灯（多数海胆纲动物的咀嚼式口器）嚼食海底的有机碎屑和植物碎屑。照紫海胆具有独居和夜行的习性，它和其他海胆一样，无法忍受阳光。

目：冠海胆目
科：毒棘海胆科
体长：10~12厘米
分布：地中海、大西洋东部

拟球海胆
Paracentrotus lividus

拟球海胆常见于地中海和大西洋东部，喜浅海和礁石。其身体呈球形，辐射对称，完全由石灰质外骨骼覆盖；长有长而粗的棘刺，可活动；身体颜色从紫色到褐色再到绿色，细节有所差异。拟球海胆的棘刺和管足末端的吸盘用于在岩石质的海底活动；喜夜间行动，厌光。它以海藻、小型动物和海绵为食，还是少数以波西多尼亚海草为食的生物。如其他地中海的物种一样，偶见雌雄同体的情况。

同科的海胆属（Echinus）锐刺海胆（Echinus acutus）和食用正海胆（Echinus esculentus）。

目：冠海胆目
科：球海胆科
体长：4~7厘米
分布：地中海、大西洋东部

头帕海胆
Cidaris cidaris

头帕海胆是最为原始的海胆之一，常见于地中海和大西洋北部，可生活在水深超过100米的岩石质和珊瑚质海底。头帕海胆的特征为其长而粗的第一层棘刺和短而细的第二层棘刺，使其看起来更加粗壮。在繁殖季，头帕海胆倾向于聚居生活，并向海岸附近移动。头帕海胆目动物会抚育幼体。

地中海和大西洋中的另一常见物种为叉尾头帕（Stylocidaris affinis），生活在深海（1000米）中，喜珊瑚质和碎屑质的海底环境。其显著特征为身上有长棘刺（3~5厘米，与身体直径等长），棘刺粗壮，分布零散，可见身体中央的一大部分；身体呈淡红色。在相同海域生活的还有短喙新灯形海胆（Neo ampas rostellata）。

目：头帕海胆目
科：头帕海胆科
体长：3~4厘米
分布：地中海、大西洋北部

卵圆斜海胆
Echinoneus cyclostomus

卵圆斜海胆生活在热带海域，是典型的底栖动物，喜在海底缓慢爬行，挖掘洞穴作为隐匿地点。其身体狭长，呈卵圆形，整个身体由相互连接的石灰质骨板覆盖，形成外壳。它从某些骨板中伸出管足，靠这些管足在海底活动、捕捉猎物和完成自身清洁。其外壳由许多短而细的棘刺保护，与管足一同帮助自己在海底移动和挖掘洞穴。卵圆斜海胆的咀嚼式口器（亚里士多德提灯）也可协助移动身体：以牙齿为支撑举起身体，再突然地任由身体倒向某一边。

目：全雕目
科：斜海胆科
体长：2~3厘米
分布：热带海域

沙钱
Echinocyamus pusillus

楯形目动物又称沙钱，分布在地中海、北海、波罗的海和大西洋东部，从冰岛一直到亚速尔群岛。沙钱生活在沿海沙质或泥质海床上，水深可达1200米。其椭圆形的身体由一层厚厚的白粉色石灰质骨板构成，上有短而细的灰绿色棘刺。沙钱的背部有步带，协同管足实现水下移动。沙钱的主要食物为有机碎屑。

目：楯形目
科：豆海蛛科
体长：0.5~2.5厘米
分布：地中海、北海、波罗的海、大西洋东部

玫瑰盾海胆
Clypeaster rosaceus

玫瑰盾海胆分布于印度洋，身体呈椭圆形，具有明显的两侧对称特征，步带仅分布在顶部，呈花瓣形分布。一块由多个石灰质厚骨板构成的外壳覆盖了整个身体。

基于身体的构造特殊，这种海胆不能在海底挖洞生存，而是与某些蟹类采用的策略一样，将自己完美伪装：它用管足抓住贝壳和植物的残余物，放到自己的外壳上，通过装饰外壳来模仿海床的样子。

目：楯形目
科：盾海胆科
体长：8~11厘米
分布：印度洋

195

长刺海胆
Diadema

石笔海胆
Heterocentrotus mammillatus

目	冠海胆目
科	冠海胆科
体长	5~7厘米
分布	温带海域

目	海胆目
科	长海胆科
体长	7~8厘米
分布	印度洋、太平洋、红海

长刺海胆是典型的温带海域物种，喜沙质海床，隐匿在珊瑚礁中。长刺海胆呈球形，整个身体上长有黑色的棘刺，但细而脆；棘刺长10~20厘米，呈线形、有牙，长有分泌毒素的组织，人类被刺伤后可造成皮肤红疹。

好像扎人的棘刺还不能满足长刺海胆的需要，为了更好地防范可能的捕食者，它还经常大量地聚集在一起保护自己。它的棘刺可为小型鱼类和甲壳纲动物提供躲避的场所。和所有的海胆一样，长刺海胆并不喜欢阳光，所以它会逃到海藻、石头或其他碎屑中躲避阳光。它具有敏锐的感光器官，因此能够在必要时将棘刺转向可能的敌人。长刺海胆仅在日落后才开始觅食，主要以海藻和其他海洋生物为食。

其他同科的最具代表性的物种为安地列斯冠海胆（Diadema antillarum）和魔鬼海胆（Diadema setosum）。

石笔海胆是一种大型海胆，生活在印度洋、太平洋和红海中，更准确地说，它生活在水深约30米处的珊瑚礁沟壑中。

石笔海胆外形特殊，十分容易辨识，棘刺粗壮、不尖锐，有两种类型：一种较长、较光滑，有着典型的三角形断面，呈红褐色，通常还有白色的条纹；另一种很短，呈白色或深棕色。第一种棘刺是很好的防御武器，而第二种则可将海胆固着在其生活的海床上。

石笔海胆在夜间觅食时较为活跃，以小型海洋生物和植物为食，日间喜欢藏匿在岩石裂缝中。

夏威夷群岛附近珊瑚礁上的石笔海胆。这种海胆得名于它粗壮的棘刺，让人想起钝尖的铅笔。

聚焦

棘刺、毒素和欺骗术

棘皮动物的防御系统

棘皮动物一般因其美丽的外表而引人注意，海洋捕食者自然也不会放过它们，将其列为美味的食物，在这种情况下，必须要懂得如何防御。棘皮动物发明了多种有效的防御系统。比如，海胆生有扎人的棘刺，许多在海中游泳的人都领教过它们的厉害。

海胆的棘刺

某些属的海胆的棘刺长达25厘米，细如针，极为尖锐，可像刺刀一样用来对付敌人。但并不是所有的海胆都拥有如此明显而可怕的武器，恰恰相反，在多数情况下，它们的棘刺都很短，有时甚至很钝。这就需要其他的武器——毒触手。如果海星靠近海胆，海胆一开始会用棘刺扎海星，之后在海星碰到它的时候迅速缩回棘刺，放出毒触手，用钳爪夹住海星的叉棘，并释放毒素。为了摆脱海胆，海星必须舍弃被海胆抓住的叉棘。毒素也会发挥作用，小剂量可麻痹敌人，最大剂量可致死。一般来说，海胆不会对人类产生威胁，因为它们的毒触手无法穿透人类的皮肤。

海星的再生功能

海星被攻击后，会使用各种防御战术——腕上的尖刺、毒触手、毒液，如果这些战术都不管用，而且捕食者抓住了海星的一根或多根腕，它们就会不择手段地逃跑。海星不会顾及自己丢掉的腕，因为它们有强大的再生能力，在短时间内就可以生长出新的腕，甚至在某些情况下，丢掉一根腕的地方可以生长出两根或三根腕。某些海星的毒液毒性很强，对人类来说，除了十分疼痛，甚至会出现麻痹、恶心、呕吐的症状。下图所示为海星的腕再生的各个阶段。

| 1 | 2 | 3 | 4 |

不受欢迎的海百合

从海百合的外观可以猜想，它们并不是很美味的猎物，营养也不是特别丰富（实际上可食用的部分很少），所以它们的敌人很少，尽管在海底固着的生活使它们更多地暴露在捕食者的狩猎圈中。为了保护自己，海百合会产生一种黏液来包裹整个身体，这种黏液对某些物种来说是有毒的，而对另一些物种来说则只是一种恶心的味道。

防御的方法

海百合纲：棘刺和能注射有毒物质的叉棘。

海星纲：毒刺和非凡的再生能力。左图为一只被截肢的海星，不久后新肢体就会再生出来。

海参纲：分泌有毒黏液，释放居维叶氏小管困住敌人。

蛇尾纲：自切腕足（或腕的一部分），逃跑速度很快。

蛇尾的欺骗术

与海胆相比，蛇尾的防御武器就很少了，只有棘刺，但有些物种的棘刺退化严重，甚至缺失。然而在受到慢速攻击的情况下，蛇尾能够迅速逃跑，来保全自己。它们还可以使用另一种独特的方式迷惑敌人：自刎部分腕足或整根腕，当捕食者将注意力放到脱落的肢体上时，蛇尾就快速逃脱。由于蛇尾的再生能力很强，所以缺失的肢体可以重新生长出来。

海参的毒液和捕捉网

与海百合相同，海参通过分泌有毒黏液包裹全身来保护自己。研究人员成功地从这些黏液中分离出一种物质，并将其命名为海参素，它具有溶血性（能够溶解红细胞），对鱼类包括鲨鱼都十分危险。除毒液外，某些种类的海参还拥有一样法宝——居维叶氏小管。这是一种粗2~3毫米的黏线，当体壁肌肉剧烈收缩时，由肛门排出体外，能够完全缠住敌人，就像一张具有黏性的网，敌人越挣扎，缠得越紧，此时海参便可以把握机会，迅速逃跑。

居维叶氏小管

海参拥有一种高效的防御武器——居维叶氏小管,这个名字源自法国著名生物学家乔治·居维叶(George Cuvier),正是他第一个发现了海参的这一结构。居维叶氏小管是一种腺腔,和丝腺类似,与水管系统(内部管道系统,用于运动、呼吸和饮食)的基部相连,包含黏液和毒素,能够粘住敌人。如果出现危险,海参就将这些小管喷出体外,让敌人迅速动弹不得。海参具有再生能力,小管排出后,能够重新生长出来,身体的其他部分也一样。

乌爪参
Holothuria tubulosa

目：	楯手目
科：	海参科
体长：	27~30厘米
分布：	地中海、大西洋东部

乌爪参是刺参属最常见的物种，生活在所有底质的海床上，分布在从地中海和大西洋东部海滨到深海。乌爪参身体狭长，外表有疣状刺和骨片（外表皮下的一层结构），由许多互不相连的小片构成。乌爪参行动缓慢，由步带处的管足实现在海底爬行；口和肛门（更准确地说是泄殖腔）分别位于身体的两端。口周围有一组冠状的触手，所有的触手都附着有黏液，触手有分叉、可收缩，用于捕捉水中的浮游生物。另外，乌爪参还以碎屑为食，将其与沙子和泥一起吞下。乌爪参在夜间活动、觅食。其感觉器官一般较为简单、零散。大多数海参科动物实行体外受精；幼体无外骨骼，身体上有纤毛带，用于运动。

红腹海参
Holothuria edulis

目：	楯手目
科：	海参科
体长：	25~33厘米
分布：	印度洋和太平洋的热带海域

红腹海参生活在印度洋和太平洋的热带海域，喜沙质或泥质海床。其身体狭长，腹部呈红粉色，背部则呈棕色或浅绿色；口位于腹面，口周围有20只触手；体壁上有环状的和横向的肌肉。红腹海参在东方美食中的消费量极大，因此众人皆知。

瓜参
Cucumaria planci

目	枝手目
科	瓜参科
体长	10~15厘米
分布	地中海

瓜参得名于其狭长的身体及其上的肉刺，分布在整个地中海海域，一般生活在沙质或泥质的海床上，水深从几米到200多米。瓜参的身体有两个面——腹面和背面，腹面形成一种底板，瓜参可借此在海底爬行；背面则具有触手和管足，管足呈辐射状分布。它的皮肤较厚，触感粗涩，由一层外表皮加固；在皮肤的下方是相当发达的肌肉；口部位于身体的末端，由冠状触手包围，触手的大小相同。瓜参受到打扰时，触手会迅速收缩，触手还可用于捕食，食物以浮游生物和水中的有机碎屑为主。瓜参多在夜间活动，白天则长时间保持不动的姿势，就像被埋在沙质或泥质的海底。瓜参的繁殖季为三月到四月，除通过有性繁殖、体外受精繁育后代外，还可以进行无性繁殖，即雌性和雄性不交配，通过分裂完成繁殖。

肌芋参
Molpadia musculus

目	芋参目
科	芋参科
体长	9~12厘米
分布	地中海、大西洋西北部

肌芋参分布于地中海和大西洋西北部，生活在水深约4000米的海域中。肌芋参后端有细长的尾部，有10只或15只触手及无规则的管足。泄殖腔分出两个呼吸树（又称水肺，用于移动、呼吸和饮食的管道系统），分支很多。

细锚参属（Leptosynapta）和柄锚参属（Labidoplax，锚参科）动物在地中海的泥质海床上十分常见，它们和海参一样，都有着蠕虫状的身体，不同的是它们没有管足（因此属于无足目，字面意思就是"没有脚"），具有呼吸树。

寄生动物

瓜参的身上寄居着多种动物,主要是寄生在消化系统中的原生动物和寄生在外表的腹足纲动物,它们刺破宿主的外表皮,吮吸其内部器官的组织。针潜鱼(Carapus acus)是一种特别的寄生鱼类,它在幼体时期可通过泄殖腔进入宿主的身体,并在呼吸树的体壁中造出通道,并以此为食。针潜鱼发育为成体后,回到海中生活,但总是留在瓜参的附近,一有危险情况,就会毫不犹豫地逃回瓜参的体内。

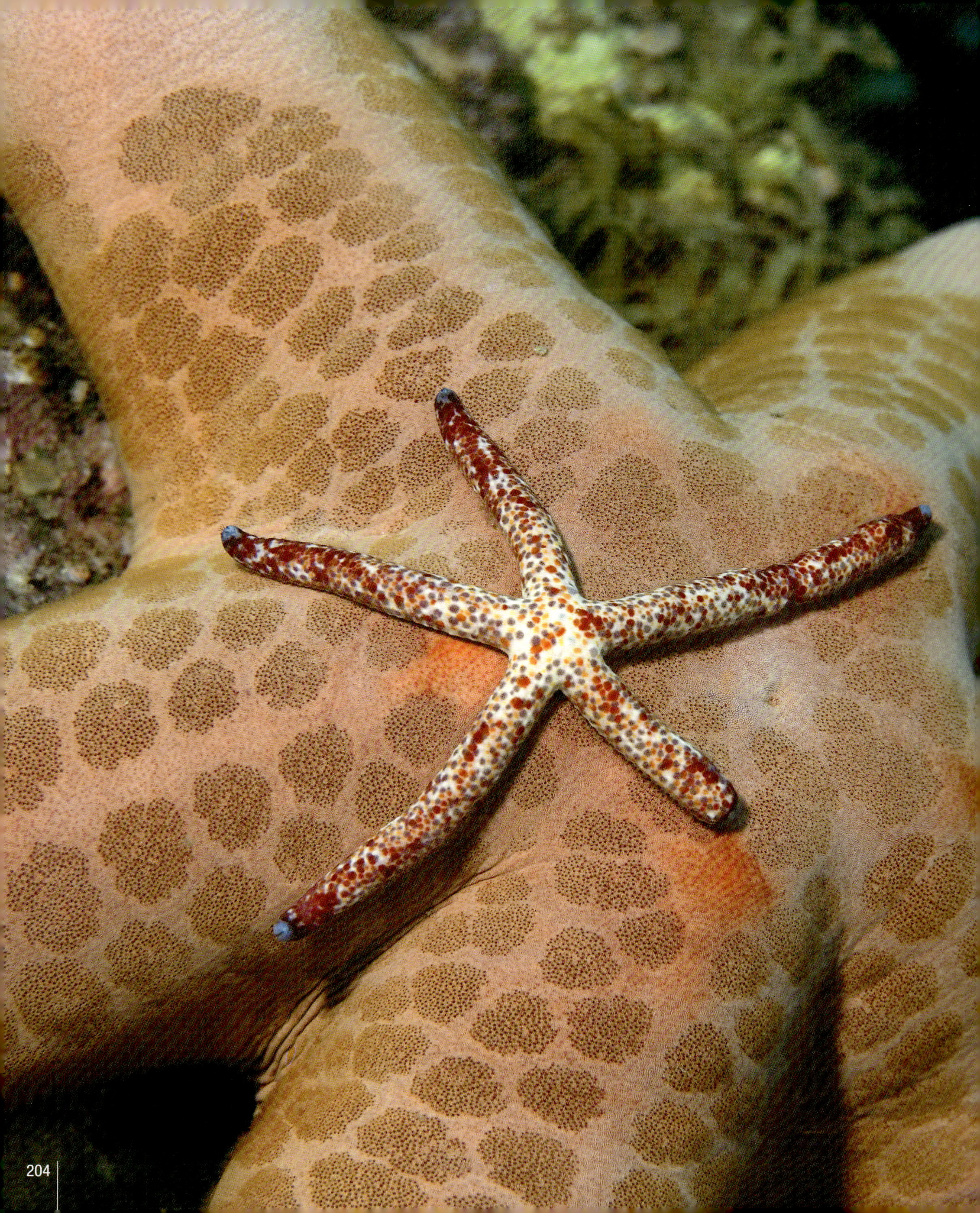

一只海星趴在另一只更大的海星的背上。海星虽然色彩斑斓，却并不稀罕人们的仰慕，实际上，它们讨厌阳光，喜欢躲在海底最黑暗的沟壑里。

棘冠海星
Acanthaster planci

目：	有棘目
科：	长棘海星科
体长：	60~70厘米
分布：	印度洋、太平洋、红海

棘冠海星是体型最大的海星之一，在印度洋、太平洋和红海中形成巨大的群落。它的身体表面覆盖着一层毒刺，身体中央为扁平的体盘，从体盘向四周放射出8~21根腕。由于腕的肌肉组织既有横向分布的也有环状分布的，所以腕可以弯曲、转向，使其可在不规则的海底附着、移动。棘冠海星的身体有两个明显的面，一个朝向海底（口面或腹面），上面有口和步沟；另一个朝向海面（反口面或背面），上面有骨板，骨板上有许多小孔。骨板一个接着一个，但互不连接，形成一块保护身体的石灰质背甲。棘冠海星身体的颜色与其主要食物有关，有的呈蓝紫色、红色，也有的呈绿色、橘黄色。

棘冠海星因其残食珊瑚虫、破坏珊瑚礁而臭名远扬；有夜行习性，白天躲避阳光，喜将海底隐蔽处作为庇护所。

贪婪的海星

海星是贪婪的捕食者，又称"大海清道夫"。那些长腕的海星可以将胃部排出体外，进行外部消化，这样就能吞食比它们体型大许多的猎物；或者在食用双壳贝类时，利用腕的力量强行打开贝壳，将胃插入贝壳的缝隙中。短腕的海星则在身体内部消化食物，之后将无法消化的物质排出体外。还有一些海星以水中的浮游物质为食，这些浮游物质碰到海星表皮的黏液后，通过纤毛被送到口中。

红海星
Echinaster sepositus

目：有棘目
科：棘海星科
体长：25~30厘米
分布：地中海

红海星分布于地中海水深近200米的海域。它从体盘中央向外辐射出5根腕，长度基本相同，上有小凹陷；每根腕的末端都有一组感光器，看起来像一个淡红色的点，这是退化的视觉器官，可用来感知光线的强弱。鲜艳的红色让红海星看起来优雅多姿，腹部的红色淡一些。和其他海星一样，红海星也喜欢待在暗处。

红海星生性贪婪，一直处于觅食状态，一只成体红海星每天能够吃下相当于自身体重3%的食物。在繁殖季（春夏季），雄性围绕雌性聚集在一起，雌性向海水中释放卵子，卵子在水中漂浮着等待受精。受精卵孵化出透明的幼体，身体狭长，在刚出生的几周里可在水中自由地游动，之后发育到下一阶段，开始在海底生活。幼体刚开始底栖生活时，腕刚刚长出一点点，管足少而大，有少量外骨骼。

驼海燕
Asterina gibbosa

目：有棘目
科：海燕科
体长：3~5厘米
分布：地中海、大西洋东部

驼海燕在地中海和大西洋东部十分常见，生活在浅海中，一般躲藏在石头下。驼海燕的身体质地坚硬，可承受的温度高达25℃。

驼海燕的腕很不一样，有时很短，从腕的末端伸出细细的管足；骨板上长有小棘刺。其背面呈灰绿色，腹面呈黄色或橙色。和其他海星一样，驼海燕非常擅长在岩石上攀爬，并持续觅食，食物主要是有机碎屑和残渣。驼海燕活动时会将腕的末端抬起，以感知光线的强弱变化。驼海燕实行有性繁殖，所有的幼体出生时均为雄性，长大后，一部分变为雌性。

花冠海星（Brisingella coronata）有许多长腕，但并不是很粗，管足上有吸盘。宽腕辐射海盘车（Platasterias latiradiata）生活在墨西哥湾，管足上无吸盘。

橙褐槭海星
Astropecten aranciacus

目：显带目
科：槭海星科
体长：48~52厘米
分布：地中海、大西洋东部

橙褐槭海星生活在沙质海滨、波西多尼亚海草丛、碎屑和泥质海底，是地中海体型最大的海星之一。其边缘长有棘刺，身体颜色从浅红褐色、橙色到紫灰色都有；以软体动物和其他棘皮动物为食。橙褐槭海星一般藏在沙子底下，仅露出背部中央圆锥形的部分，这是它的触觉器官。

红海盘车
Asterias rubens

目：钳棘目
科：海盘车科
体长：25~30厘米
分布：大西洋东北部

红海盘车是典型的大西洋东北部沙质海底的物种。其身体直径一般在30厘米左右，但也有的个体超过50厘米；从体盘中央辐射出5根腕；身体上有许多骨板，一个接着一个，互不相连，保证了适度的灵活性；背面上有粗刺，一条或多条横向分布。红海盘车体色各异，有橙色的，有浅棕色的，也有紫色的；生活在较深水域的个体体色较浅。

红海盘车为肉食性动物，是贪婪的捕食者，会攻击双壳软体动物，它先用管足控制猎物，再用腕上的肌肉撬开它们的壳。

细海盘车
Marthasterias glacialis

目：钳棘目
科：海盘车科
体长：40~45厘米
分布：地中海东部

细海盘车是地中海体型最大的海星之一，喜岩石质海底和波西多尼亚海草丛，水深可达200米。其体盘中央向四周辐射出5根长腕；整个身体上都有棘刺，颜色从白色到灰色，从棕色到粉色和蓝色都有。细海盘车以软体动物为食，有时会给牡蛎和贻贝的养殖造成损失。

扁平荷叶海燕（Anseropoda placenta）也生活在地中海海域。

207

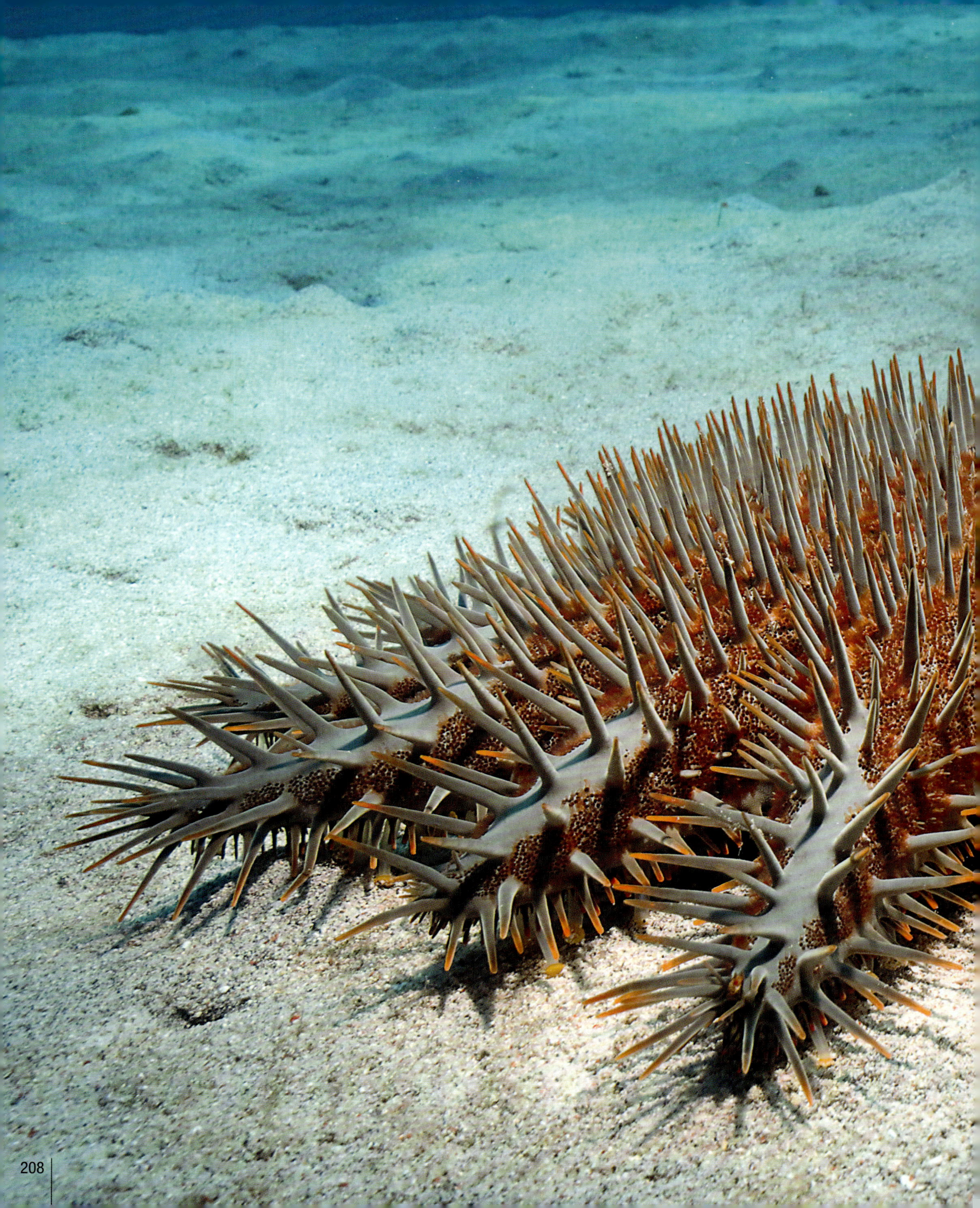

棘冠海星耸立的栅栏状棘刺决定了它几乎没有敌人，敌人之一是波纹唇鱼（Cheilinus undulatus）。

聚焦

珊瑚吞噬者

棘冠海星

在地球上所有的海星中，最有名的毫无疑问要数棘冠海星了，但它的名气与美貌无关（虽然也很漂亮），而与珊瑚礁的命运紧密相连。近年来，棘冠海星的数量在某些海域迅速增加，因为它以珊瑚虫为食，而珊瑚虫只能任其掠食。然而，珊瑚礁消失的首要原因还是人类对自然环境的破坏。

贪婪的棘冠海星

棘冠海星体型巨大，腕的数量可达21条（甚至可达24条），整个身体由尖锐的棘刺覆盖，可扎伤人类，还会注射有毒物质，因此伤口会十分疼痛。它生活在印度洋和太平洋水深约40米处的珊瑚礁中，多在夜间活动，爬到珊瑚礁上以柳珊瑚目和石珊瑚目的珊瑚虫为食。它将自己的胃射出体外，消化活体小型生物，将那些失去生命的石灰质外壳留在身后。

棘冠海星胃部的细节放大图。

一只进攻珊瑚虫的棘冠海星。

一只棘冠海星正在食用珊瑚虫。

珊瑚礁的微妙平衡

珊瑚礁是依靠其中的生物所构成的微妙平衡条件维持存在的。珊瑚礁已经存在了上百万年，棘冠海星也是如此。这意味着它们生活的区域存在捕食者和猎物所形成的平衡，这样才能保证二者的生存。尽管会有一些特殊时期（尤其是繁殖季），在某些地区，棘冠海星的数量会不正常地增加，导致部分珊瑚礁遭到摧毁，然而在很短的时间内，棘冠海星的数量就会回归正常，而珊瑚礁受到损毁的部分也会有新的生物寄居，这就保护和维持了生物多样性。

天敌

棘冠海星也有它的天敌，正是由于天敌的存在，才使得以珊瑚虫为食的棘冠海星的数量得到了控制。棘冠海星的天敌有小丑虾（Hymenocera picta）；某些礁石鱼类，如河鲀、鳞鲀和波纹唇鱼；还有两种软体动物——大法螺和砗磲。小丑虾成对生活，它能合力将棘冠海星幼体翻倒，吃掉其身体柔软的部分；大法螺（Charonia tritonis）也是棘冠海星幼体的捕食者；而鱼类则吞食其水中的卵和幼体；砗磲也是如此，它们是世界上最大的双壳软体动物。

珊瑚礁中的食物链

1. 鳞鲀
捕食性鱼类以2、3、4为食。

2. 法螺
小丑虾、大法螺、砗磲、礁石鱼类以3、4为食。

3. 棘冠海星
以4为食。

4. 石珊瑚目和柳珊瑚目动物

人类：强大的捕食者

可惜的是，珊瑚礁中的大法螺和砗磲吸引了本不属于这一生态环境的捕食者——人类。在过去的几十年里，人类从珊瑚礁中掠夺了大量的大法螺和砗磲，为的就是将其贝壳作为纪念品卖给游客。礁石鱼类也遭到过度捕捞，数量急剧下降。于是，棘冠海星失去了大多数天敌，数量不可控制地增长，从而不可避免地损毁了珊瑚礁。如今，软体动物和鱼类受到了严格的保护，但是可能需要几个世纪才能修复人类仅仅几十年所造成的损害。

害上加害

有时，即使人类的出发点是好的，也可能不经意间造成损失。当珊瑚礁中棘冠海星的数量激增成为公共问题后，许多澳大利亚的水下捕捞者为了减少棘冠海星的数量，将他们遇到的棘冠海星全部切成两半。但是，这种方法不但没有起到作用，反而产生了相反的效果。实际上，棘冠海星的再生能力很强，这种做法使棘冠海星的数量成倍增加。另外，逐渐上升的海洋温度也改变了珊瑚礁极微妙的生态系统，其产生的后果还不得而知。

蝙蝠海星（Patiria miniata）是一种色彩丰富的海星，多呈红色或橙色。蝙蝠海星的腕很短，这是因为腕之间有一层连接薄膜，它也因此得名"蝙蝠海星"。

考氏鳍竺鲷（Pterapogon kauderni）在长刺海胆的长棘刺间游动。

海百合真的很像海底的装饰性植物。

一群巨大褐海藻中的海胆。

蛇尾纲
Ophiurida（真蛇尾目）

纲：	蛇尾纲
目：	真蛇尾目
体长：	1毫米~40厘米
分布：	全世界

蛇尾纲的成员统称蛇尾，它们分布在全世界各种深度的海域，可适应多种海底基质；不同科类的物种的体型差异巨大。与海星纲动物不同，真蛇尾目动物的体盘和腕完全独立，腕的长度可以是体盘的20倍。每根腕都由一根骨骼支撑，骨骼相互连接，上有专门的肌肉组织。腕的灵活性和肌肉构造使得蛇尾成为最灵活的棘皮动物。实际上，蛇尾可通过敏捷地弯曲腕来活动，有些物种还可以在水中游动。它们以碎屑、悬浮残渣和动物尸体为食。它们通过口面上腕根部的10个内孔呼吸，这些内孔还可用于清除体内残渣和释放生殖细胞。

部分蛇尾可进行无性分裂繁殖，它们一般都具有强大的再生能力，遇到危险时，腕可自动脱落（自切行为，就像壁虎的尾巴一样），而体盘则不能再生。对于实行有性繁殖的物种，受精卵一般在体外发育成熟，但有时也在生殖囊中孵化，尤其是那些生活在极冷海域的物种。

地中海筐蛇尾
Astrospartus mediterraneus

目：	蜍蛇尾目
科：	筐蛇尾科
体长：	90~95厘米
分布：	地中海、大西洋东部

地中海筐蛇尾分布在地中海和大西洋东部，其栖居地由沙子、岩石或淤泥构成，水深为50~200米。其腕的分支很多，腕长可达80厘米，可利用腕抓住柳珊瑚，并吃掉珊瑚虫。它还通过张开的触手在水中过滤，以浮游原生动物为食。地中海筐蛇尾极厌恶光线，因此仅在夜间活动。

同科中还有星植蛇尾属（Astrophyton），包括细星植蛇尾（Astrophyton Gracile），是印度洋的特有物种，以及篮子星（Astrophyton muricatum），分布在亚马孙河入海口附近。

美杜莎海雏菊
Xyloplax medusiformis

目：	车轮海星目
科：	海雏菊科
体长：	7~9毫米
分布：	新西兰

美杜莎海雏菊是1986年在新西兰水深超过1000米的海底被发现的。它的口面扁平，反口面则略微膨胀，形似水母；背部覆盖一层鳞状的骨片，具有空心小棘刺；身体边缘也有一圈相同的棘刺。美杜莎海雏菊无口、无胃、无肛孔，水管系统形成两个同心环，相互连通。

有些科学家认为美杜莎海雏菊属于同心纲（Concentricicloidei）车轮海星目（Peripodida），另一些科学家则认为它应该属于海星纲。

北极筐蛇尾
Gorgonocephalus arcticus

目：	蜍蛇尾目
科：	筐蛇尾科
体长：	40~45厘米
分布：	大西洋西北部

北极筐蛇尾是大西洋西北部的物种，生活在浅海中，附着在礁石或柳珊瑚上。它的腕很长（超过30厘米），不分叉，与体盘区分明显，体盘直径约为10厘米。口面的中央有口部的开口，呈星形，其末端指向腕的根部，两边长有许多棘刺，呈横向线状排列。它的体色为从黄棕色到深棕色，腕的颜色较浅。

和大部分棘皮动物一样，北极筐蛇尾夜间外出觅食，但白天也外出活动。北极筐蛇尾先用长腕抓住小型甲壳类动物，再用特定的咀嚼肌肉撕碎它们。

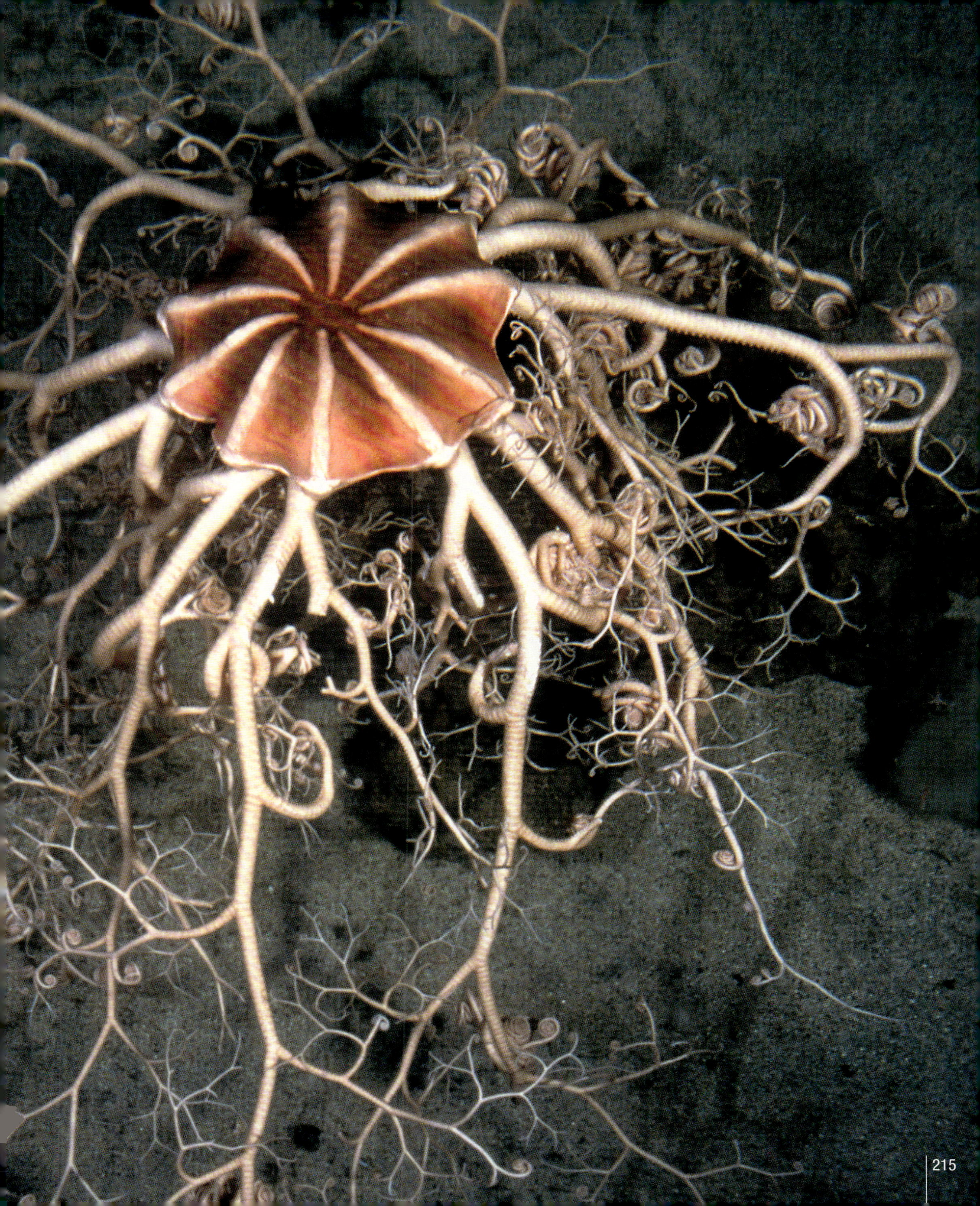

聚焦

水中闲游

棘皮动物的运动方式

海胆和海星能够毫不费力地在岩石上和海底活动,它们没有步足,看起来就像在爬行。海百合是个例外,它们在海底固着生活。棘皮动物具有一套复杂的装置,称为水管系统或活动系统,使它们能够自由移动,无论是外出觅食还是满足繁殖的需要。这是一种移动的系统,在动物界是独一无二的,完全是一个特殊方向的演化结果。棘皮动物的整个生命周期都是在海底度过的。

水管系统的构成

水管系统十分特殊,起着移动、呼吸和感觉的作用。水管系统由一整套孔洞构成,里面充满了液体(大部分是海水),通过筛板与外界连通。水管系统可简述如下:从口部附近的环状管道延伸出另一条管道(称为沙管),通过筛板与外界连通,还有5条经过身体其他部位的管道,称为步带。这些管道有两种形态:一种是管足,向体外延伸;另一种是坛囊,位于体内。每条管足都与坛囊连通。

水管系统的运作

液体从坛囊到管足的规律运动使动物活动起来,当坛囊的体壁(由肌肉纤维构成)收缩时,推动管足中小孔内的液体,使体内压力上升,身体膨胀;接下来坛囊放松,液体重新回到体内,管足松弛。这一机制在所有的步带中同步进行,能够让动物向某个方向移动。另外,(下图中的)管足具吸盘,可紧紧地附着在岩石等物体上。

多脚的海星

海星的棘管分出成对的小管，分别伸向两边，每条小管的末端都是可向外伸展的小型器官，称为管足，一般管足的末端是一个小吸盘。总之，如果观察海星的腹面，就可以看到沿着每根腕都有两条平行的线形管足。可收缩的坛囊位于每条小管的根部，可向小管内吸入相同体积的水，使其膨胀，小管对应的管足也会相应地膨胀。根据小管内水压的变化，膨胀的管足向外伸展，抓住海底；水压下降后，管足的抓力也会减小。另外，管足的根部有特殊的肌肉，这对海星的运动也有重要的作用。

每种动物都有自己的行动方式

海胆纲：管足从特殊的外骨骼（步板）孔中伸出。

海星纲：管足位于步行沟内，沿腕的下表面伸展。

海参纲：口部周围的管足特别发达，呈分叉触手状；海参的运动由肌肉—表皮的收缩辅助完成。

蛇尾纲：水管系统退化，在水中的活动通过长腕表皮重叠骨板上的肌肉完成。

海百合纲：不怎么移动，固着在海底生活，管足替换成触须，可向外伸出但无吸盘，具有触觉的功能，可能也有呼吸的功能。

全能的管足

除了实现身体的移动，棘皮动物的管足还能完成其他任务，如附着于海底、不被外力（如海流和捕食者贪得无厌的爪子）拉动、捕捉猎物，以及感知外界环境状况，是棘皮动物的感觉器官。另外，海星和（尤其是）海胆的棘刺和管足之间还有其他的外延物，称为叉棘，有着夹板的形状，用于自身的清洁和防御捕食者。

下图是海胆的棘刺。

海胆的解剖结构

管足用于附着在海底，叉棘用于向猎物注射毒液，水管系统具有移动、呼吸和感觉的功能。

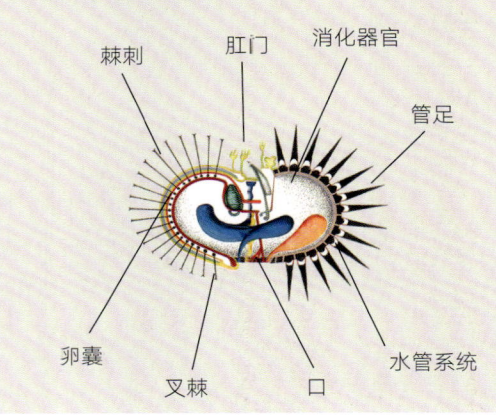

217

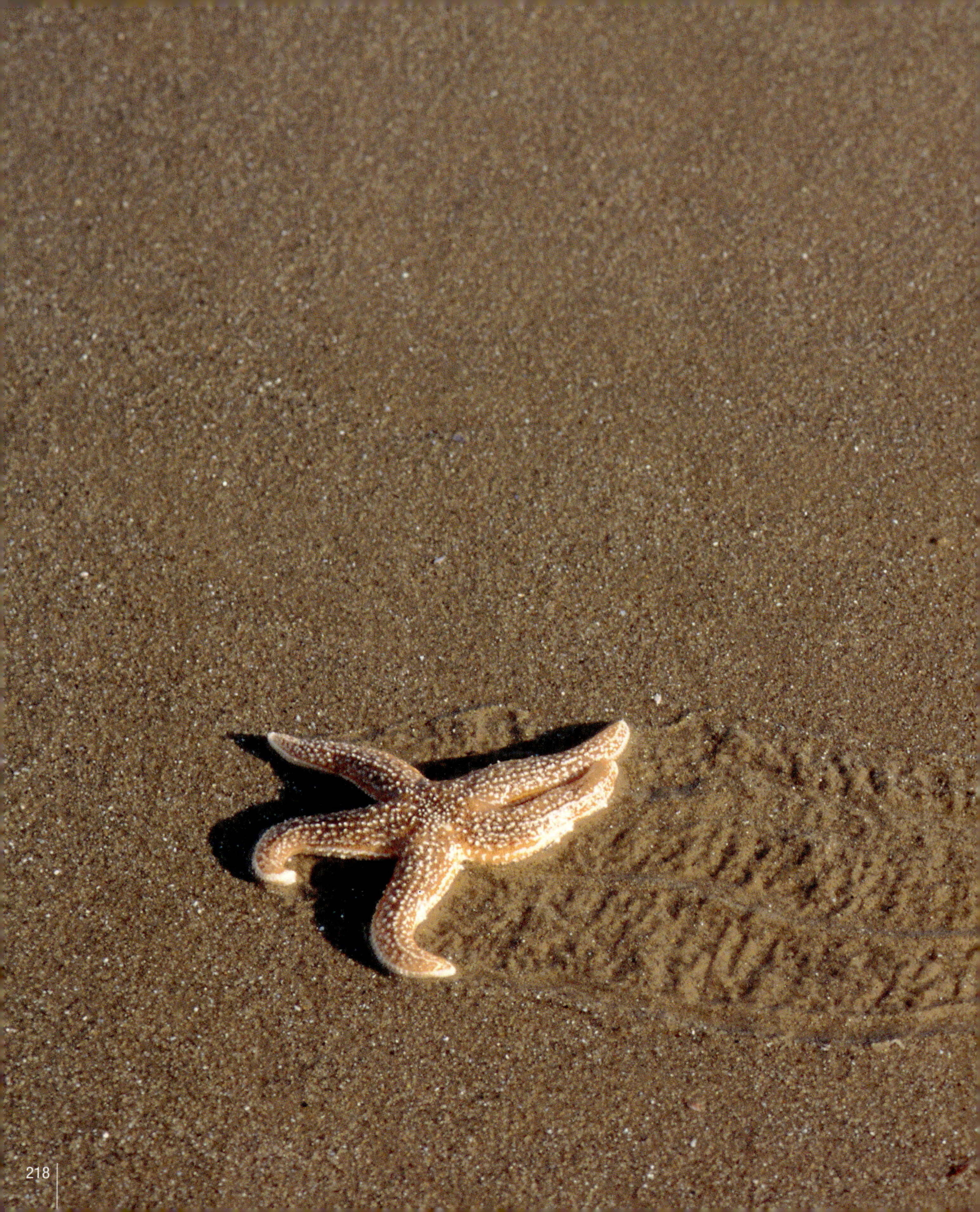

红海盘车在沙子上的移动轨迹。腕的灵活性可让它在上下颠倒时快速翻转回来。

脊索动物门

海鞘、文昌鱼：固着在海底和岩石上的动物

五彩缤纷、尽情舒展、完美拟态，这些海洋动物的群落隐匿在海藻或海绵中，一些固着在岩石上，一些完全埋在沙子下，还有一些仅部分固着在海底。

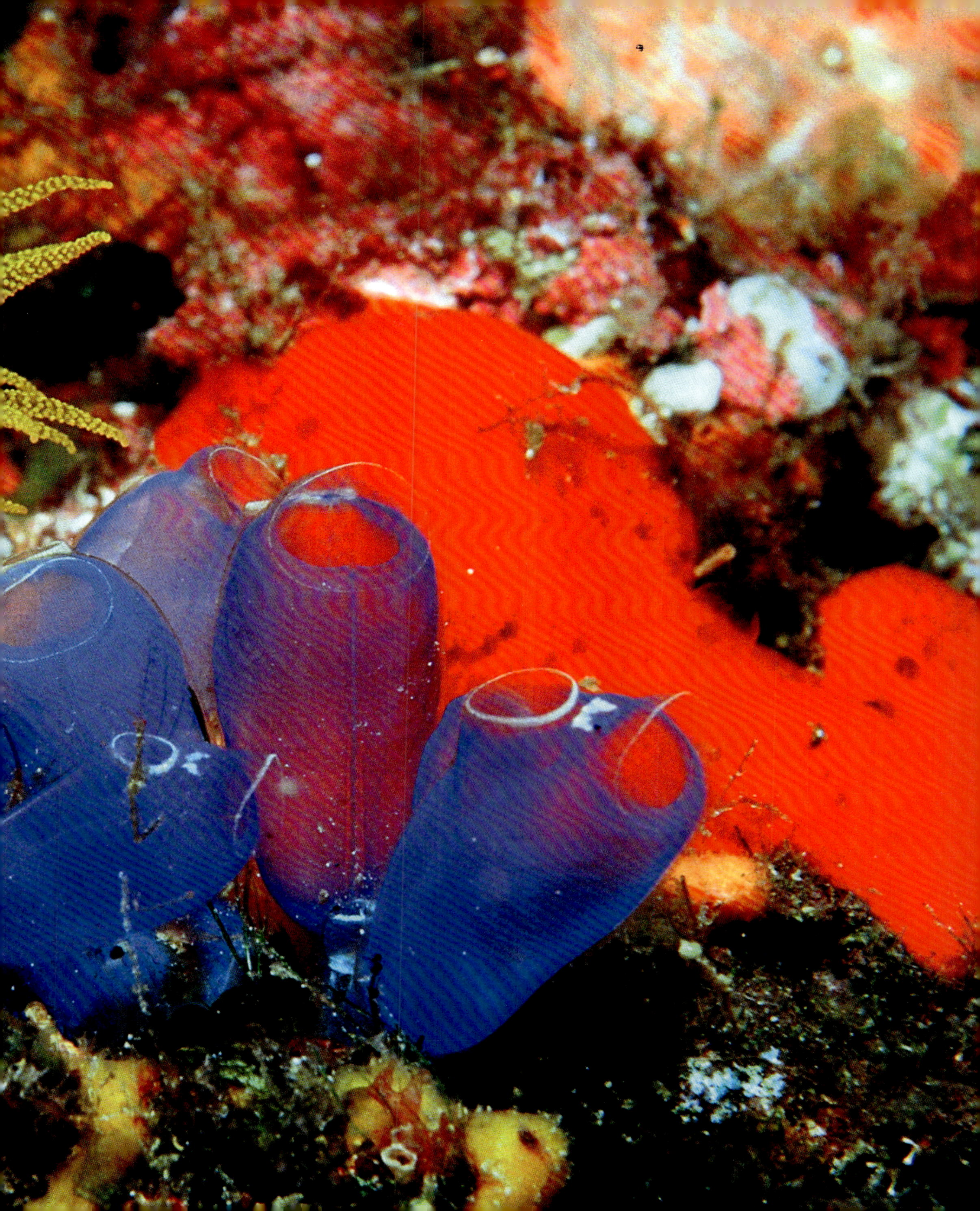

简介

脊索动物门分为头索动物亚门（Cephalochordata）和尾索动物亚门（Urochorda）。头索动物终身有一根贯穿全身的脊索，而尾索动物仅在幼体的尾部有这根脊索。头索动物身体短、无附肢，形似无头的鱼；不善于游动，一般固定地生活在沙子中，过滤取食。尾索动物的体型多样，从几毫米到几十厘米的都有，独居或群居，一般为海洋动物。它们（除了幼形纲动物）的明显特征是身体外面包裹着一层被囊，这是一种软骨或胶状的组织，有着保护和支撑的作用。尾索动物亚门分为三个纲：海鞘纲（Ascidiacea），成体固着在其他物体上生活；幼形纲（Larvacea），形似蝌蚪；樽海鞘纲（Thaliacea），是演化最完善的尾索动物。

上页图片：海鞘群落和珊瑚纲的筒星珊瑚属（Tubastrea）物种；本页图片：海鞘

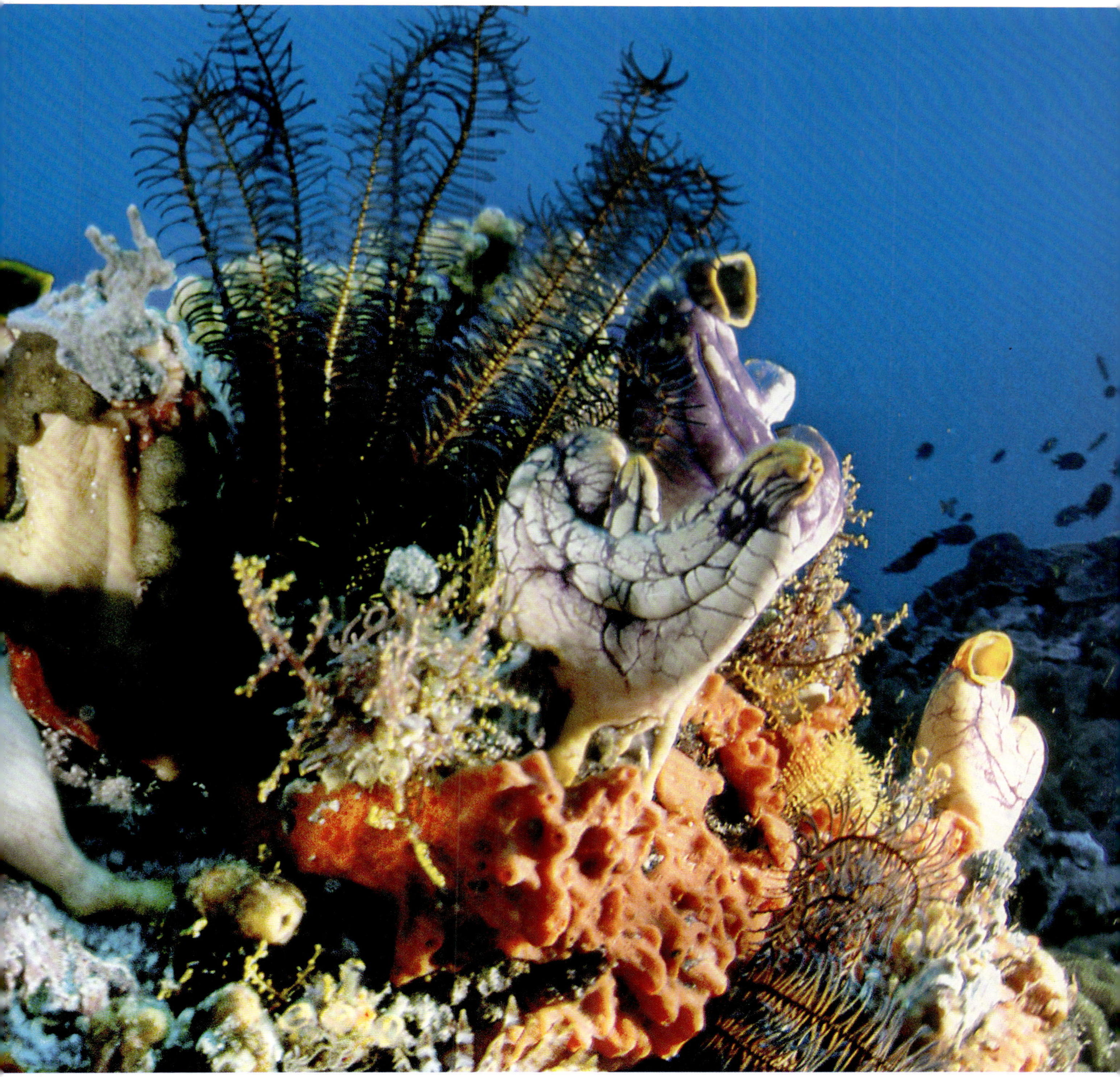

脊索动物

演化与总体特征

脊索动物门包括尾索动物亚门和头索动物亚门，物种之间的差异巨大，但有一个共同点，那就是在其生命全过程或某个阶段中拥有脊索，即由索细胞构成的体轴。

演化

　　脊索动物的**神经系统**位于其背部的脊索旁，呈直管状，而腹部则包含**消化管**。不同脊索动物间的**亲缘关系**在胚胎阶段十分明显，而在成体阶段就没有那么容易分辨了。尾索动物的演化轨迹从腔肠动物开始，历经棘皮动物，然后是头索动物和鱼类。第一次重要的巨大改变发生在距今5亿8000万年前，那时部分海洋生物开始发育出**背部支撑**结构，这是脊索的前身，之后逐渐演化成脊索。特别地，有人认为第一批鱼类就源自尾索动物，因此尾索动物可能就是连接无脊椎动物和脊椎动物的纽带。尽管差异巨大，但一般认为所有的脊椎动物都从这些原始的水生动物演化而来，因此也不难想象原始的脊椎动物起源于简单的脊索动物，与存活至今的脊索动物类似。但追溯脊索动物的来源就比较复杂了，因为最简单的脊索动物的身体形态是分节的，于是就猜想它们是不是和环节动物有着相近的亲缘关系，但人们发现，环节动物的**分节构造**和脊索动物是完全不同的，环节动物的神经索位于腹部，而脊索动物的则位于背部。

加斯坦的猜想

　　19世纪末的胚胎研究解答了这一谜题，尤其是英国生物学家加斯坦，他确定了脊索动物和棘皮动物幼体之间的亲缘关系，之后又发现棘皮动物是脊索动物演化的必经过程。加斯坦猜测部分棘皮动物原始形态的幼体没有继续发育为成体，而维持了幼体的形态，因此不会固着在海底，之后它们能够达到性成熟的阶段，并进行繁殖，这种现象称为幼态持续。尽管加斯坦的理论看似很有道理，也很吸引人，但还是需要证明才能被科学界普遍接受。

钙索动物亚门

英国的古生物学家理查德·杰弗里斯（Richard Jefferies）在研究寒武纪中期至泥盆纪中期的无脊椎动物化石时，仔细观察了部分典型海底动物的遗骸，如**海扁果亚门**（Homalozoa）动物，它们当时归属于棘皮动物门。杰弗里斯指出，尽管海扁果动物的体表覆盖了与棘皮动物相同的**多边形方解石骨板**，但呈两侧对称，而非辐射对称；身体上并没有子囊和柄，而是呈偏平凹陷状，有**头部**和**灵活轻巧的尾部**。尽管各物种有差异，但这些动物的结构持续保留了下来，口部位于身体前部，在尾部的一侧则有生殖器官和肛门，鳃裂分布在身体的多个部分上；身体内部则有**消化器官**和**血管**；尾部和身体一样，也由多边形骨板相连覆盖，其中包括背部脊索的延长部分。杰弗里斯在研究了海扁果动物的生理构造后，认为为它们创建一个新的亚门是十分必要的，他将其命名为钙索动物亚门，属于脊索动物门。

实际上，学术界有多种有关尾索动物演化进程的假设。比较有说服力的一种指出，与尾索动物相比，头索动物与脊椎动物的亲缘关系更近，但种种迹象表明头索动物和脊椎动物的演化谱系中确实有过**共同的祖先**，但那之后二者便分道扬镳了。

被囊动物的构成

被囊动物，又称尾索动物，指的是背部脊索形成于幼体的尾部，而成体则在这块区域有了一条尾巴。尾巴可以是永久性的，如幼形纲动物；或者是临时性的，如海鞘纲动物，其幼体有尾巴，而成体的尾巴则退化。樽海鞘纲动物则没有尾巴，仅在胚胎阶段能看到尾巴的痕迹。

被囊动物的分类

被囊动物如今包括近2000个物种，分为3个纲：海鞘纲（Ascidiacea）、幼形纲（或尾海鞘纲，Larvacea）和樽海鞘纲（Thaliacea）。

海鞘纲动物为独居或群居动物，形似一个囊包，由自由幼体发育而来，幼体的脊索仅位于尾部；之后，幼体经历变态发育，成为无柄动物，失去包含脊索的尾巴。它们的名字来源于希腊语，意为"小皮囊"。

幼形纲动物由躯干（长2~3毫米）和尾部构成。躯干可清楚地分为3部分：胸部、腹部和后腹部。胸部包含咽，腹部有消化肠和心脏，后腹部则有生殖腺；尾部长，极为扁平；具背鳍、腹鳍和肌肉，位于身体的腹部；背索和神经索横穿过尾部。

樽海鞘纲动物生活在大海中，可游动，成体阶段无背索，胚胎阶段可见残存的背索；被囊一般很薄，因此这些动物几乎透明；身体一般呈桶形，口和泄殖腔分别位于身体两端，实际上，咽和泄殖腔占据了整个身体。

被囊

被囊是永久性结构，与身体相连，为软骨质或胶冻质；可相对较厚，呈亚光或透明状，表面为钙质，因此较坚固（如膜海鞘科，Didemnidae），其上有沙子，甚至有活体动物生活在被囊上。被囊可轻易与其下面的上皮组织分离，血液通过小管浸润着被囊，因此不能简单地认为被囊是动物的外壳，与之相反，被囊是动物的活性组成部分。

簇海鞘属（Clavelina）动物的群落。

海鞘，也称"大海清道夫"，固着在礁石上生活。

被囊动物没有任何骨骼，外骨骼和内骨骼均缺失，无分节结构。比较奇特的是被囊动物的血液中有特殊细胞，含有大量**钒**（一种柔软、可延展的稀有物质，可以化合物的形式存在于某些矿物中）。

被囊动物的外表差异巨大，但内部构造几乎相同。固着生活的物种身体呈囊状，有**两个孔**：一个是口孔，位于较高的位置；另一个是排泄孔，位于侧部或背部，仅幼形纲动物的位于腹部。一些被囊动物颜色鲜艳，另一些则十分透明，在其生活环境中几乎看不到它们。除了少量个例，被囊动物是雌雄异体的，既可以进行有性繁殖，也可进行无性繁殖，三个纲类动物的繁殖方式不同。

鳃裂与消化系统：与其他脊索动物相同，被囊动物的咽（由口管延伸而来）具有鳃裂，因此消化管既有呼吸的作用，也有消化的作用。鳃裂呈睫状，利于水流通过；海鞘纲和樽海鞘纲动物的咽周围可见围鳃腔，海水被收集到这里，之后导向泄殖腔，通过排泄孔与外界相通，通常还会有一根排泄小管。

幼形纲动物的鳃裂则通过短管直接与外界连通。鳃腔位于腹面，呈横沟状，形似花洒，鳃腔深处有纤毛，鳃腔壁上则分布着腺体细胞，分泌黏液。食物颗粒从鳃裂进入纤毛，被大量黏液包裹，随纤毛摆动递送到消化肠道，这是真正的消化管，位于腹部。消化管分为食道（末端膨胀形成胃部）和肠道，肠道弯曲成襻状，将消化不了的废物送到泄殖腔。

循环系统：心脏具有同心管的构造，内管可收缩，而外管包裹着内管，形成围心腔。被囊动物的血液循环比较特殊，血流方向不定，但间隔规律，可反向流动。心脏规律地收缩几次，将血液泵至心—鳃深处，随后血液循环至全身，再回到心脏。这时，心脏跳动暂停，当心脏恢复跳动时，将血液泵向与之前相反的方向。这种血液循环出色地完成了分配新陈代谢所需物质的功能。

被囊动物的血液无色，含有钒，根据血钒蛋白（血液细胞携带氧气的物质）的不同氧化程度，可呈现绿色、浅蓝色或橙色。

被囊动物与脊椎动物之间——头索动物

无头动物，又称头索动物，它们的神经系统的前部没有骨骼外壳的保护（没有明显的头部）。头索纲（Leptocardii）意为"薄心脏"，意即没有真正的心脏，只有一些可收缩的血管。

头索动物的脊索从头部一直延伸到尾部，由堆叠的骨盘构成，整根脊索由结缔组织包裹。脊索内部紧涨，使脊索能够保持坚硬，为身体提供支撑。头索动物有很明显的分节现象，这表现在它们的肌肉组织上，肌肉被结缔组织分为多节。头索动物具有背鳍，其辐状鳍条实际上是储存繁殖季所用能量的器官。

现有的动物学分类将头索动物归入一个亚门，处于被囊动物和脊椎动物之间。头索动物亚门包括30个物种，分为2个科：**文昌鱼科**（Branchiostomidae），下设文昌鱼属（Branchiostoma）；**偏文昌鱼科**（Asymmetronidae），下设偏文昌鱼属（Asymmetron）和侧殖文昌鱼属（Epigonichthys）。**文昌鱼**对于生态

繁殖

被囊动物绝大多数是雌雄同体的。一般来讲，它们实行有性繁殖，幼体先是雄性，再变为雌性；自我受精仅存在于极少数个例中。雄性和雌性的生殖腺位于肠道的侧面，可合二为一，同时保持其特有的性征，数量可为奇数或偶数。幼形纲动物的卵从体壁破裂处溢出，精子则通过背部体壁上的小管直接释放到体外。受精显然是在体外进行的，受精卵孵化为能够游泳的幼体。

被囊动物还可进行无性繁殖，或一代有性繁殖和一代无性繁殖交替出现。在无性繁殖的情况下，被囊动物身体的末端有芽状增殖或分裂增殖。大多数被囊动物拥有极强的再生能力。

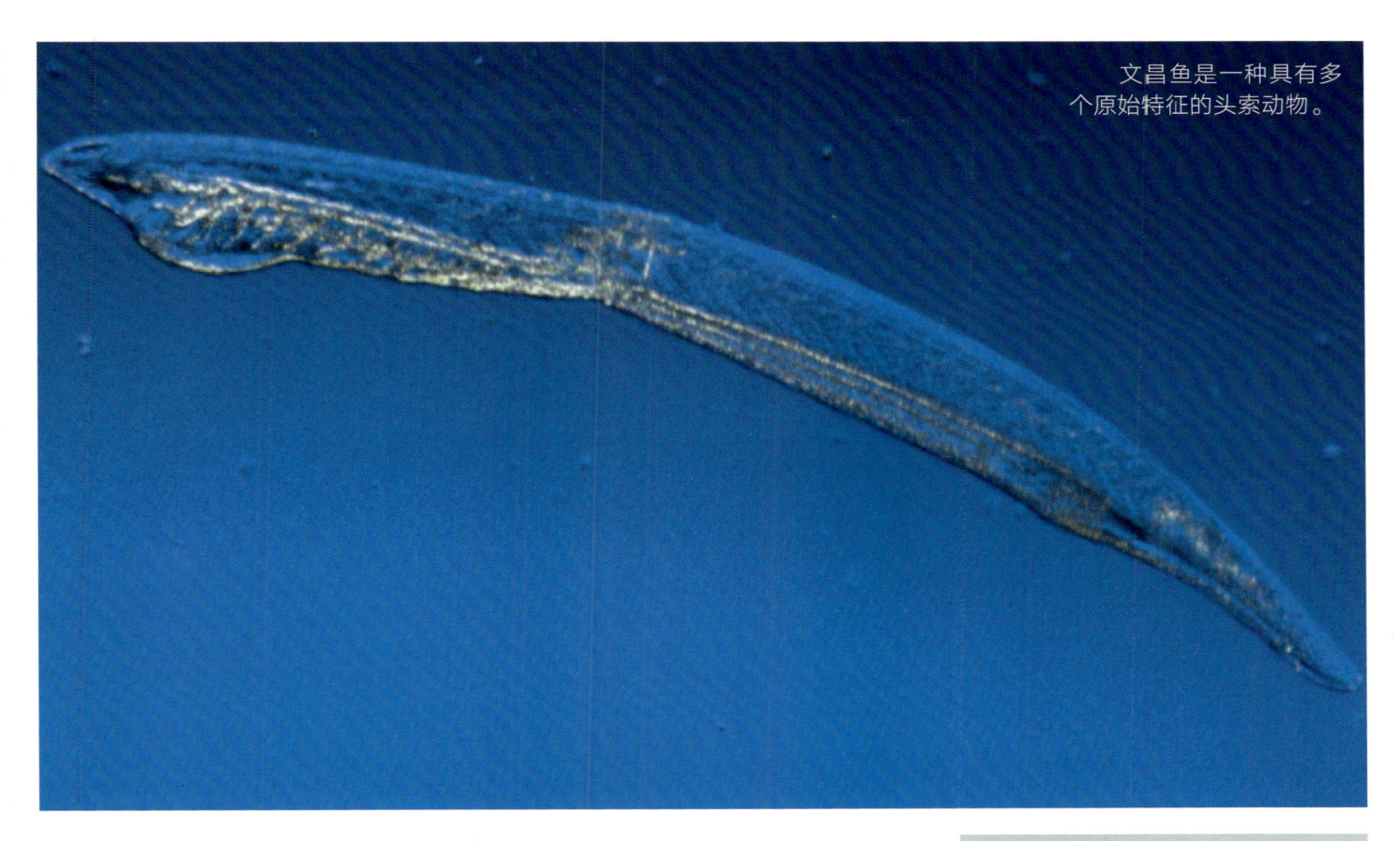

文昌鱼是一种具有多个原始特征的头索动物。

系统和比较解剖学研究尤为重要，尤其是它们没有下颚和身体架构呈披针状的特点，突显了它们的原始性。基于以上特点，我们可以将文昌鱼作为研究脊索动物和最原始的脊椎动物的"典型"。

和被囊动物一样，为了追溯头索动物的起源，我们必须考虑一些十分古老、现已灭绝的棘皮动物——钙索动物亚门动物。根据古生物和种系发生的研究，观察星海桩（Mitrocystella，泥盆纪的一种钙索动物）的成体，我们可以发现"前脊椎动物"的形态，这应是它们演化的开端，即最原始的形态。

我们通过观察现存的棘皮动物幼体，并将其与古老的脊索动物进行比较，也会有相同的思考。

最后需要重申的是，前脊椎动物"模型"的原始特征可以在任何脊索动物的胚胎阶段找到踪迹，尤其是在它们发育的最初几个阶段。

最早发现头索动物并进行分类可追溯到1774年，德国生物学家彼得·西蒙·帕拉斯（Peter Simon Pallas）认为他发现了一种新的软体动物。仅仅约50年后，其他动物学家就证实了文昌鱼与脊椎动物的紧密关系，将其归入现在所属的门类。

头索动物不具有骨骼，内外骨骼均缺失，这解释了为什么没有发现其相关的化石。而从棘皮动物（它们留下了许多石灰质骨骼的痕迹）到最初的脊椎动物（圆口纲动物，它们留下了骨骼的残骸）都发现过它们的古生物化石。脊椎动物与现存的文昌鱼特别相似，它们的口部都没有上颌。

沙子中的生活

头索动物几乎分布于所有海域，尤其是热带和温带中浅深度的海域。成体多生活在沙质海底，尾巴朝下，扭动身体游动。实际上，当文昌鱼游动时，其身体两侧的肌肉收缩，形成交替的水波，使它能够扭动着进行波浪式前进。头索动物夜间从沙子中出来觅食，以有机碎屑和多种微型生物为食；纤毛可分辨食物的可食用性，通过纤毛的摆动可将食物送到口中。

收集海沙可以立即了解此处是否有文昌鱼栖居，因为文昌鱼生活的海沙会有一股特殊的碘酊的臭味。文昌鱼俗称蛞蝓鱼，在意大利的海域也有分布。

繁衍后代

　　海鞘纲动物既可进行有性繁殖，也可进行无性繁殖，绝大多数是雌雄同体的，有时同一物种可见两种繁殖方式交替出现。绝大多数独居的物种为卵生动物，将卵排到体外进行受精。胎生的物种产卵数量相对较少，在父代的体内完成初步发育。无性繁殖是群居物种的典型繁殖方式，通过分裂完成繁殖，胞体可在不利于发育的季节进入休眠状态，当环境条件允许时，胞体继续成长，孕育新的个体。

阴茎海鞘
Ascidia mentula

亚门	尾索动物亚门
科	海鞘科
体长	5~18厘米
分布	地中海、大西洋东北部

阴茎海鞘俗称海矛，分布于地中海和大西洋东北部，固着在礁石上或海底生活。阴茎海鞘的身体呈球形，呈红色或粉色，具软骨质被囊。阴茎海鞘与所有的海鞘通常俗称"海矛"，拥有快速收缩的能力，如果被捕捞上岸，就会用水管喷射水柱。阴茎海鞘为滤食性动物，以微型生物和水中悬浮的有机颗粒为食，它将食物通过入水管吸入体内；围鳃腔接收水流，并通过出水管将水排出体外；悬浮颗粒被黏液困住，之后被送往胃部。与许多海鞘一样，阴茎海鞘是群居的；特化的种群由共用同一个被囊的许多个体组成，它们的出水管融合成一根中央管，围绕着中央管规律分布。所有的海鞘都以可自由游动的幼体的形式诞生。阴茎海鞘通过有黏性的乳头状突起附着在海底。

尖刀偏文昌鱼
Asymmetron lucayanum

亚门	头索动物亚门
科	偏文昌鱼科
体长	2.5~4厘米
分布	大西洋西部、印度洋西部

尖刀偏文昌鱼分布于大西洋西部、印度洋西部海域。其学名源于它身体的不对称性——仅在右侧有生殖腺。尖刀偏文昌鱼仅有的支撑结构就是体内的脊索，横向穿过身体；前口周围有触手，即纤毛，可过滤水中的悬浮颗粒，之后将其送至口中；雌雄异体，实行体外受精。

同科的另一个属为侧殖文昌鱼属（Epigonichthys），短刀侧殖文昌鱼（Epigonichthys cultellus）是其中一个物种。

普通文昌鱼
Branchiostoma lanceolatum

亚门	头索动物亚门
科	文昌鱼科
体长	3~5厘米
分布	地中海

普通文昌鱼生活在地中海中浅深度的沙质或泥质海底。其外表像鱼类，身体无附肢，狭长，几乎透明，呈单数的背鳍一直延伸到尾部和肛门口。普通文昌鱼为滤食性动物，其生活方式取决于其所栖息的海底质地：在粗沙海底，它完全隐藏在沙子下，粗沙并不阻碍海水的正常流动，水流从其口部吸入，再从肛门排出；在混合沙质海底，它在沙子中仅露出口部；而在细沙海底，它仅将身体后部埋在沙子下面，因为水流不能从口部流动到肛门；在泥质海底，它则侧躺在海底或自由游动。

同属的物种还有非洲文昌鱼（Branchiostoma africae）、百慕大文昌鱼（Branchiostoma bermudae）和卡瑞拉比由穆文昌鱼（Branchiostoma caribaeum）。

多刺小海鞘
Microcosmus sulcatus

玻璃海鞘
Ciona intestinalis

亚门：尾索动物亚门
科：腕海鞘科
体长：8~15厘米
分布：地中海、印度洋西部

亚门：尾索动物亚门
科：玻璃海鞘科
体长：10~20厘米
分布：温带海域

多刺小海鞘又名海鸡蛋，是地中海最著名、最常见的复鳃目（Stolidobranchia）动物，在印度洋西部海域也有分布。多刺小海鞘生活在沙质、富含碎屑的海底，固着在海底岩石上，群居生活，种群数量有时特别多。其身体呈囊状，质地似皮革，表面粗糙，小管上有红色条纹。想找到多刺小海鞘并不容易，因为它完全被海藻、海绵和其他海鞘类动物覆盖，仿佛海底的岩石。多刺小海鞘形成群落的方式十分特殊，一代有性繁殖和一代无性繁殖交替进行。多个多刺小海鞘围成圈，它们的排泄管融合成一个共同的排泄孔；口管则是单独的，向外开口。

地中海中还生活着大樽海鞘（Salpa maxima）和磷海鞘（Pyrosoma atlanticum）。大樽海鞘为群居深海动物，个体长10~15厘米，由几百只大樽海鞘组成的群落可长达几米。磷海鞘是一种会发光的海鞘，也是群居深海动物，是典型的热带海域物种，其群落长度可达几米。

玻璃海鞘常见于地中海，分布于所有的温带海域，固着在海底岩石或水深100米以内的物体上生活。玻璃海鞘的身体呈圆柱形，身体颜色为透明的白色，有时也为黄绿色或灰绿色；具有两根管，一根是入水管，另一根是出水管；鳃腔十分发达，占据了身体的大部分。

意大利海域中最大的海鞘纲动物之一是乳突玻璃海鞘（Phallusia mammillata），体长为14~16厘米，生活在水深近200米的岩石质或沙质海底；被囊呈白色，有明显的隆起。

相似的代表物种是红白海鞘（Ascidia virginea），其突出特点为身体呈红色。

八足海鞘属（Octanemus）动物仅分布在太平洋，其外观与其他海鞘纲动物相差甚远。它们生活在深海，固着在海底或自由游动；身体扁平，呈星形，口管向外辐射出8片波瓣。其摄食方式不是滤食性的，而是吞食性的，它用口部的波瓣捕捉食物。

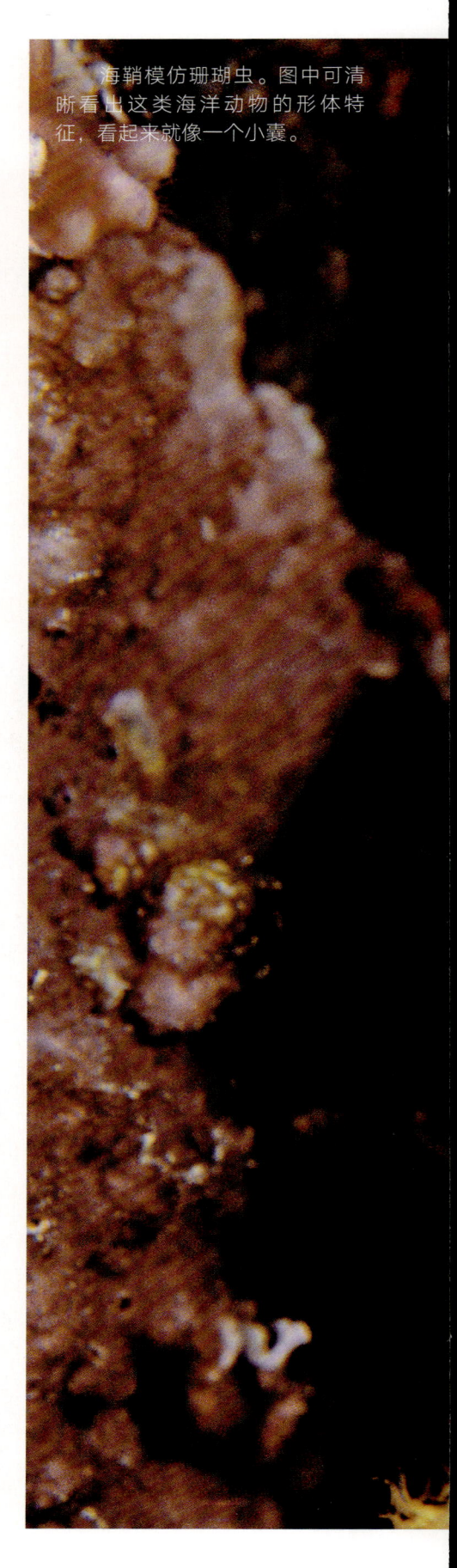

海鞘模仿珊瑚虫。图中可清晰看出这类海洋动物的形体特征，看起来就像一个小囊。

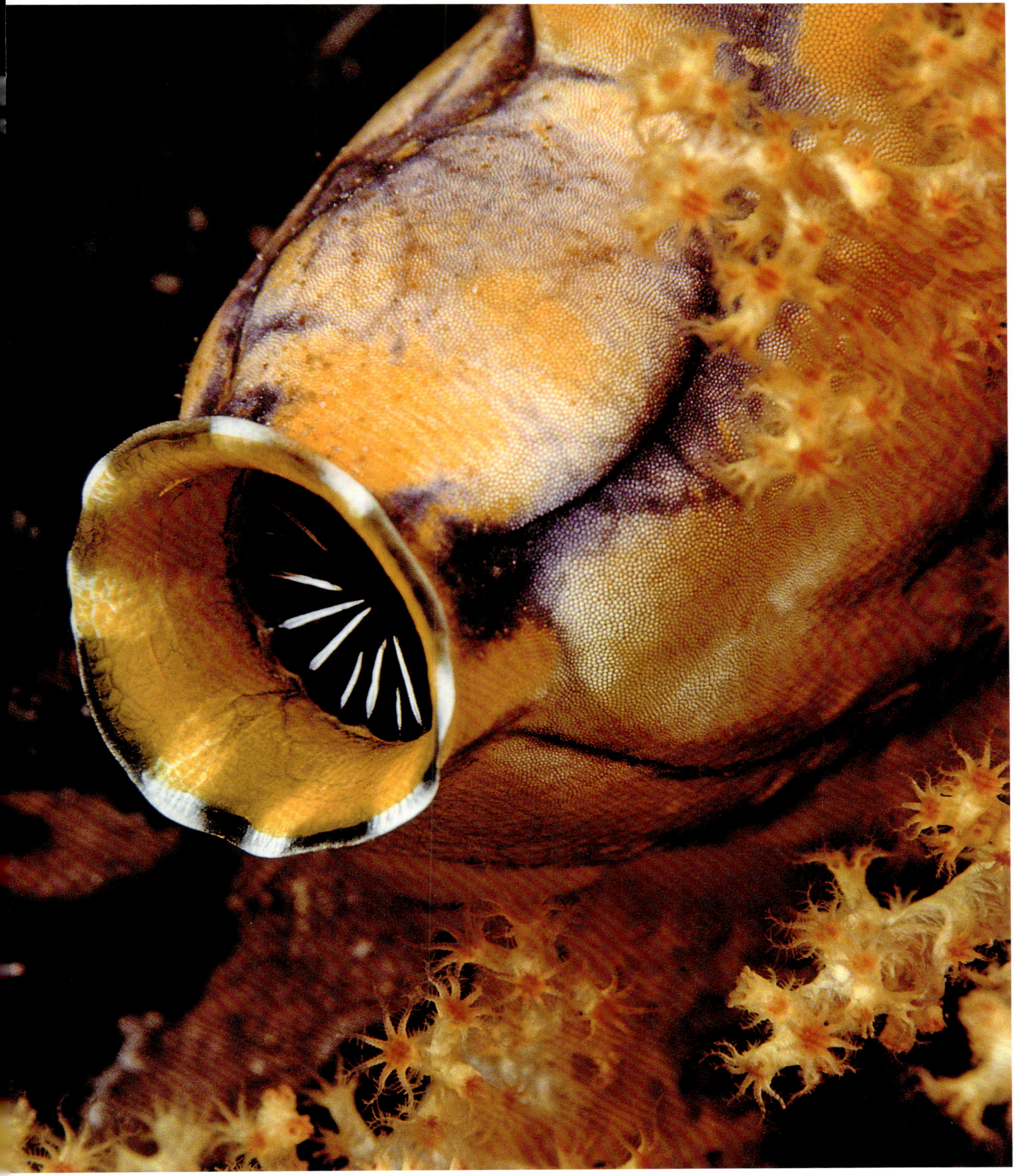

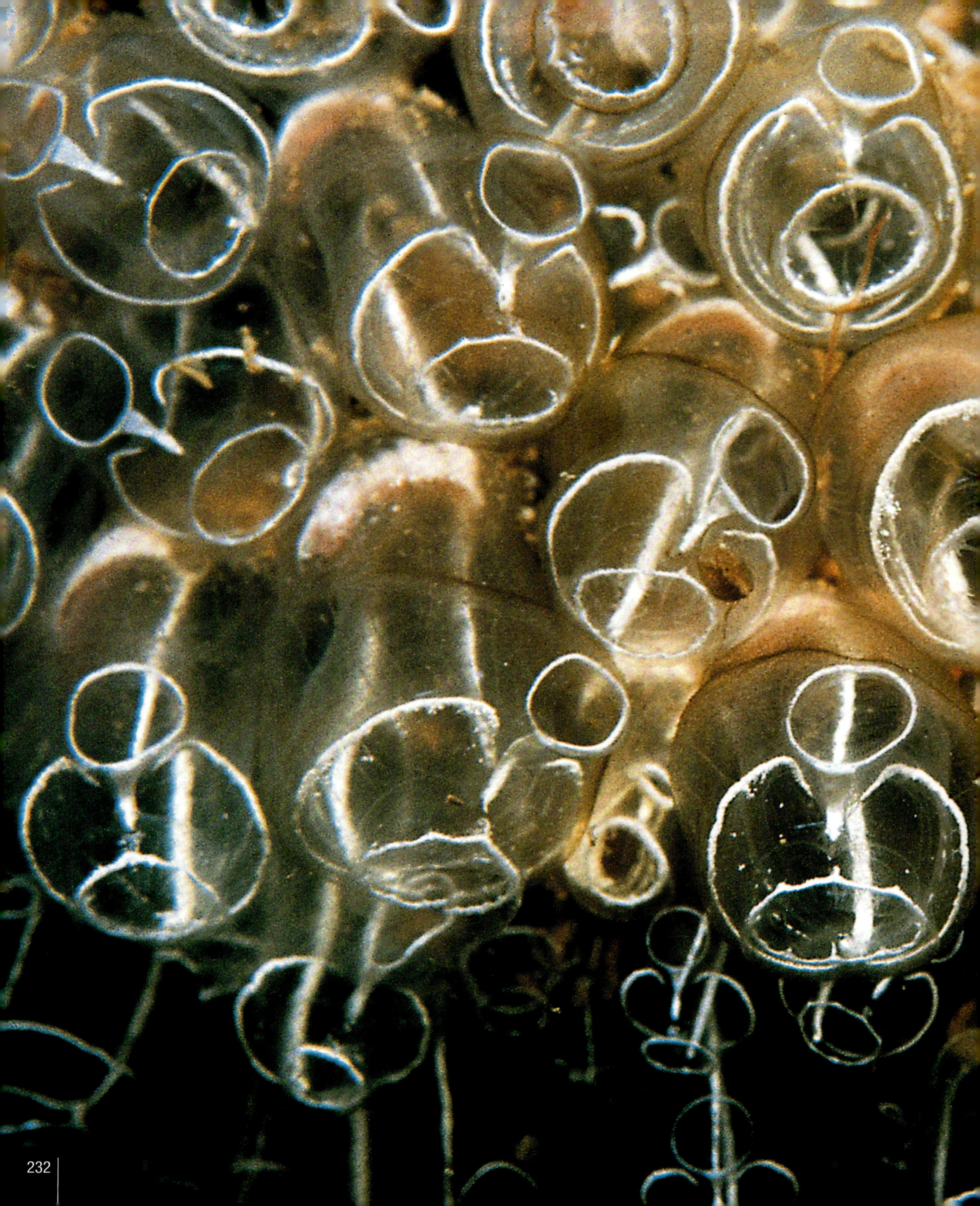

灯泡海鞘
Clavelina lepadiformis

亚门:	尾索动物亚门
科:	棒鞘科
体长:	2~6厘米
分布:	地中海、大西洋东部

灯泡海鞘属于海鞘纲，常见于地中海和大西洋东部，固着在海底岩石或其他生物身上，水深约为50米。它是群居动物，外表很特殊——身体透明，被囊很薄，可见内部器官。其群落看似草丛，每根"草尖"都是一只灯泡海鞘。

其他广泛分布在地中海的海鞘纲动物有赤色段海鞘（Polyclinum aurantium）、橙红短腹海鞘（Aplidium proliferum），它们生活在水深约50米的海底，以及斑点二段鞘（Didemnum maculosum）。它们好似极薄的硬壳，附着在不同的海底基质上。

海樽属
Doliolum

亚门:	尾索动物亚门
科:	海樽科
体长:	3~5毫米
分布:	地中海

海樽属包括许多小型动物，它们是海洋浮游生物，分布在地中海海域。它们身体的典型形状为桶状；肌肉由8个面组成，包裹着身体；小鳃裂的数量不定。海樽属动物通常可以发光；一代有性繁殖和一代无性繁殖交替进行。受精卵落入深海，幼体在深海完成第一阶段的发育过程，之后变态发育，开始新的生命阶段。最具代表性的物种有小齿海樽（Doliolum denticulatum）、米氏海樽（Doliolum muller）和邦海樽（Doliolum nationalis）。

双尾纽鳃樽
Thalia democratica

亚门:	尾索动物亚门
科:	纽鳃樽科
体长:	6~15厘米
分布:	热带和温带海域

双尾纽鳃樽分布于所有的热带和温带海域，可形成长达几米的群落，群落内包含几百个个体。它的身体呈圆柱形，有两处鳃裂。双尾纽鳃樽的繁殖是一代有性繁殖和一代无性繁殖交替进行的，不同世代的个体差异很大，一些动物学家甚至将它们误认成两个物种。和所有的纽鳃樽一样，双尾纽鳃樽的幼体阶段是在母体中完成的，发育完成后，幼体就会被排出体外。

史氏菊海鞘
Botryllus schlosseri

亚门:	尾索动物亚门
科:	瘤海鞘科
体长:	1.5~2.5毫米
分布:	地中海、大西洋、黑海

史氏菊海鞘常见于地中海水深超过100米的海底，在大西洋和黑海也有分布，生活在岩石海底、海藻上，形成胶冻状群落，形状规则，大致呈椭圆形。群落中的个体（3~16只）拥有共同的被囊，呈圆形排列，入水管是独立的，向外部开口，排水管流向中央的一个共同排水孔。它的体色多样，排水管周围有白色星形装饰。它既可进行有性繁殖，也可进行无性繁殖。

在意大利海岸附近可观察到裂瘤海鞘（Styela partita）。

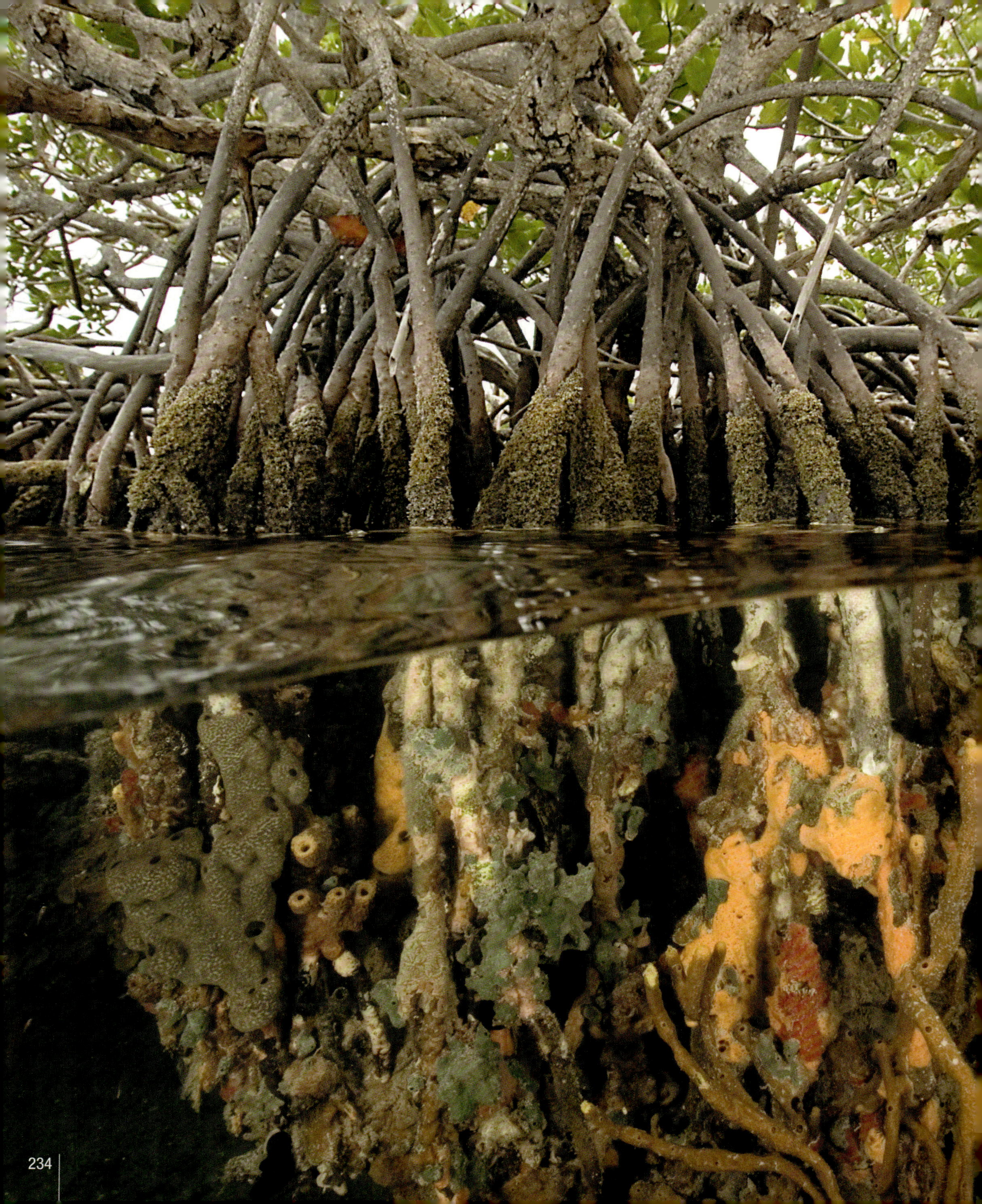

热带地区的被囊动物还会在红树林的根部增殖。

右图：多种被囊动物的彩图。